编审委员会

高等职业教育艺术设计"十二五"规划教材

ART DESIGN SERIES

酒店设计

Hotel Design Course

教程

粟亚莉 赖旭东 编著

国家一级出版社
全国百佳图书出版单位

西南师范大学出版社
XINAN SHIFAN DAXUE CHUBANSHE

序
Preface 沈渝德

职业教育是现代教育的重要组成部分，是工业化和生产社会化、现代化的重要支柱。

高等职业教育的培养目标是人才培养的总原则和总方向，是开展教育教学的基本依据。人才规格是培养目标的具体化，是组织教学的客观依据，是区别于其他教育类型的本质所在。

高等职业教育与普通高等教育的主要区别在于：各自的培养目标不同，侧重点不同。职业教育以培养实用型、技能型人才为目的，培养面向生产第一线所急需的技术、管理、服务人才。

高等职业教育以能力为本位，突出对学生的能力培养，这些能力包括收集和选择信息的能力、在规划和决策中运用这些信息和知识的能力、解决问题的能力、实践能力、合作能力、适应能力等。

现代高等职业教育培养的人才应具有基础理论知识适度、技术应用能力强、知识面较宽、素质高等特点。

高等职业艺术设计教育的课程特色是由其特定的培养目标和特殊人才的规格所决定的，课程是教育活动的核心，课程内容是构成系统的要素，集中反映了高等职业艺术设计教育的特性和功能，合理的课程设置是人才规格准确定位的基础。

本艺术设计系列教材编写的指导思想是从教学实际出发，以高等职业艺术设计教学大纲为基础，遵循艺术设计教学的基本规律，注重学生的学习心理，采用单元制教学的体例架构使之能有效地用于实际的教学活动，力图能贴近培养目标、贴近教学实践、贴近学生需求。

本艺术设计系列教材编写的一个重要宗旨，那就是要实用——教师能用于课堂教学，学生能照着做，课后学生愿意阅读。教学目标设置不要求过高，但吻合高等职业设计人才的培养目标，有良好的实用价值和足够的信息量。

本艺术设计系列教材的教学内容以培养一线人才的岗位技能为宗旨，充分体现培养目标。在课程设计上以职业活动的行为过程为导向，按照理论教学与实践并重、相互渗透的原则，将基础知识、专业知识合理地组合成一个专业技术知识体系。理论课教学内容根据培养应用型人才的特点，求精不求全，不过多强调高深的理论知识，做到浅而实在、学以致用；而专业必修课的教学内容覆盖了专业所需的所有理论，知识面广、综合性强，非常有利于培养"宽基础、复合型"的职业技术人才。

现代设计作为人类创造活动的一种重要形式，具有不可忽略的社会价值、经济价值、文化价值和审美价值，在当今已与国家的命运、社会的物质文明和精神文明建设密切相关。重视与推广设计产业和设计教育，成为关系到国家发展的重要任务。因此，许多经济发达国家都把发展设计产业和设计教育作为一种基本国策，放在国家发展的战略高度来把握。

近年来，国内的艺术设计教育已有很大的发展，但在学科建设上还存在许多问题。其表现在优秀的师资缺乏、教学理念落后、教学方式陈旧，缺乏完整而行之有效的教育体系和教学模式，这点在高等职业艺术设计教育上表现得尤为突出。

作为对高等职业艺术设计教育的探索，我们期望通过这套教材的策划与编写能构建一种科学合理的教学模式，开拓一种新的教学思路，规范教学活动与教学行为，以便能有效地推动教学质量的提升，同时便于有效的教学管理。我们也注意到艺术设计教学活动个性化的特点，在教材的设计理论阐述深度上、教学方法和组织方式上、课堂作业布置等方面给任课教师预留了一定的灵动空间。

我们认为教师在教学过程中不再主要是知识的传授者、讲解者，而是指导者、咨询者；学生不再是被动地接受，而是主动地获取。这样才能有效地培养学生的自觉性和责任心。在教学手段上，应该综合运用演示法、互动法、讨论法、调查法、练习法、读书指导法、观摩法、实习实验法及现代化电教手段，体现个体化教学，使学生的积极性得到最大限度的调动，学生的独立思考能力、创新能力均得到全面的提高。

本系列教材中表述的设计理论及观念，我们充分注重其时代性，力求有全新的视点，吻合社会发展的步伐，尽可能地吸收新理论、新思维、新观念、新方法，展现一个全新的思维空间。

本系列教材根据目前国内高等职业教育艺术设计开设课程的需求，规划了设计基础、视觉传达、环境艺术、数字媒体、服装设计五个板块，大部分课题已陆续出版。

为确保教材的整体质量，本系列教材的作者都是聘请在设计教学第一线的、有丰富教学经验的教师，学术顾问特别聘请国内具有相当知名度的教授担任，并由具有高级职称的专家教授组成的编委会共同谋划编写。

本系列教材自出版以来，由于具有良好的适教性，贴近教学实践，有明确的针对性，引导性强，被国内许多高等职业院校艺术设计专业采用。

为更好地服务于艺术设计教育，这次修订主要从以下四个方面进行：

完整性：一是根据目前国内高等职业艺术设计的课程设置，完善教材欠缺的课题；二是对已出版的教材，在内容架构上有欠缺和不足的地方，进行调整和补充。

适教性：进一步强化课程的内容设计、整体架构、教学目标、实施方式及手段等方面，更加贴近教学实践，方便教学部门实施本教材，引导学生主动学习。

时代性：艺术设计教育必须与时代发展同步，具有一定的前瞻性，教材修订中及时融合一些新的设计观念、表现方法，使教材具有鲜明的时代性。

示范性：教材中的附图，不仅是对文字论述的形象佐证，而且也是学生学习借鉴的成功范例，具有良好的示范性，修订中会对附图进行大幅度的置换更新。

作为高等职业艺术设计教材建设的一种探索与尝试，我们期望通过这次修订能有效地提高教材的整体质量，更好地服务于我国艺术设计高等职业教育。

前言
Foreword 粟亚莉

在我国经济快速发展的今天，酒店业呈现出蓬勃发展的良好势头，面对新的形势，必须造就一批有创新精神、有现代设计理念的高素质设计人才以适应时代的需求。在此背景之下，高职高专教育酒店设计专业应运而生。作为一个新兴的专业，酒店设计专业还存在诸多有待完善的地方，主要体现在教学设置上不同程度地存在偏重理论与艺术而实践不足的问题，同时，对新的酒店设计观念研究不够，也未能在目前的专业教学中得到全面的贯彻。酒店设计专业的教材出版，是弥补以上不足的一个切入点。

酒店设计是高校室内设计专业的一门必修的专业设计课程，具有很强的综合性和应用性，其专业理论技术层面跨度较大，对培养学生的设计应用能力、综合能力以及设计技巧等基本专业素质有着重要的作用。本教程为适应高职高专培养应用型人才的需求，突出教学的实用性、实践性、规律性，提供科学合理的教学模式与运行方法，做了探索性的尝试。

本教程共分四个教学单元，其中前两个单元宏观地论述了酒店设计的基础理论知识和酒店设计的基本方法，第三单元介绍了酒店设计氛围营造的方法，第四单元具体论述了酒店各功能空间设计，包括酒店大堂设计、酒店过渡空间设计、酒店客房设计、酒店餐饮空间设计、酒店健身娱乐空间设计。本教程在编写的过程中充分考虑了高职高专的教学特点，把教学与实践紧密结合，参照当今市场对酒店设计人才的新要求，注重应用技术的传授，强调学生实际能力的培养。每个单元的末尾还拟定了相对应的教学目标、教学要求、教学重点及难点，并为学生提供了教学参考书目及网站等。这种贴近专业需要、贴近教学实际、贴近学生认知特点的教学模式将会收到良好的教学效果，本书例选的设计方案完整而科学，并配有大量具有参考意义的彩图，图文并茂，易学易懂，帮助学生发挥自己的设计才能，培养学生的兴趣，全方位地把理论知识和实践知识结合起来，增强学生的实际操作能力。

本教程的编写只是一种探索性的尝试，难免会有不足和偏颇之处，在此希望高职高专教育界的前辈、同仁及各位读者不吝赐教。

最后，向在编写本教程过程中引用的参考文献和设计成果的诸位作者致以诚挚的谢意。

目录
Content

一、教程基本内容设定

酒店设计是室内设计专业中一门综合性较强的专业必修课程，着重研究酒店功能空间、色彩、照明、陈设等设计要素。

根据高职高专培养应用型人才的目标要求，其课程特色是由其特定的培养目标和人才培养模式决定的。

合理的课程设置是人才规格定位的基础，依据目前高职高专设计课程的教学大纲确立本教程的体例架构，其基本内容设定为：

（1）酒店设计的基础理论。本单元以理论阐述为主，目的是使学生了解酒店设计的概念和基础知识。

（2）酒店设计方法。本单元的重点是让学生掌握设计的基本方法和程序。

（3）酒店氛围营造。本单元的重点是使学生综合了解酒店设计的设计要素。其阐述了色彩设计的基本知识和设计方法，照明方式及灯具的选择与布置，室内的陈设运用及饰面材料的运用。

（4）酒店功能空间设计。本单元阐述了酒店功能空间的设计方法，好让学生对酒店设计有整体的认识。

以上四个单元由设计理论、设计方法到设计的艺术表现，由浅入深的教学进程，体现了教学循序渐进的科学性。本教程有良好的实用价值和足够的信息含量，不仅能有效地应用于实际教学，也为高职高专室内设计专业的学生提供了进一步自学和自我提高的空间。

二、教程预期达到的教学目标

高职高专室内设计专业教学的目的是培养综合型、应用型人才，其课程特色是由其特定的培养目标和人才培养模式决定的。酒店设计教程作为高等职业教育室内设计专业的一门重要课程，具有很强的综合性和应用性。其专业理论技术层面跨度较大，审美性及时代性要求较高，对培养学生的设计应用能力具有重要的作用，对形成学生的综合思维能力和设计技巧的基本专业素质有重要的影响。

本教程的预期教学目标是：通过酒店设计的理论、原则、内容、方法的讲解和实际设计案例的讲解及分析，使学生能基本认识和把握酒店设计的基本原理和基本方法。本教程培养学生的设计思维和设计表达能力、综合设计应用能力和技术运作能力；培养学生独立、严谨的工作作风和团队工作能力；培养学生良好的职业道德，使学生毕业走上工作岗位后，在实践过程中不断提升自己的创造力和实际工作能力，把自己打造成一名合格的设计师，与设计团队一起创作高质量的酒店设计。

三、教程的基本体例架构

本教程基本体例架构与其他酒店设计教材的重要区别在于贴近培养目标，贴近教学实际，贴近学生学习心理，突出教学的实用性。根据大纲规定的总学时，本教程划分为几个内容不同、循序渐进的教学单元，为任课教师提供一个合理的教学模式、运行程序及训练建议。根据大纲要求，每个教学单元的单元教学导引中有明确的教学目标，具体的教学要求，教师及学生应把握的教学重点、难点、单元作业命题，教学过程中的注意事项提示，教学单元结束时总结的要点、思考题及课余作业练习题等。

根据本教程要达到的目标及各单元教学目标拟定相关的作业命题练习，作业命题设置具有典型性和概括性，难度由低到高，希望通过几个单元的设计实践训练，能培养出学生在酒店设计方面应具有的综合运用能力。

四、教程实施的基本方式及手段

本课程实施的基本方式有下列五种：任课教师讲授、优秀设计作品实例分析、现场调查研究、师生互动讨论及作业课题设计。

任课教师讲授：这是一种传统的教学方式，以教师为主体，对教程中酒店设计理论进行系统地讲授。目的在于让学生对现代设计理念及原理有一个清晰明确的认识。教学效果的好坏主要在于任课教师理论素养的高低和备课是否充分深入。本课程为任课教师的理论讲授提供了良好的基本框架。

优秀设计作品实例分析：酒店设计是空间设计艺术，因而在教学中自始至终离不开具体的空间及造型。为了达到良好的教学效果，增强学生对设计原理的理解，直观式的教学手段必不可少，为此，必须借助多媒体等现代教学手段进行图像式教学，对国内外优秀的酒店设计作品进行分析讲解，将课程的基本原理与观念融于直观的设计作品之中，帮助学生直观形象地把握设计理论与设计方法技巧。

现场调查研究：酒店设计是一门综合性强的课程，与社会经济活动密切相关。因此，在教学过程中安排或带领学生进行现场调查研究是十分必要的。教学尽量安排开放式教学法，教学过程中多安排学生现场参观，让学生熟悉施工工艺和装饰材料，直观地理解设计，增加感性知识，做到有针对性地认知把握所学知识。它能帮助学生树立实战的心理状态，避免闭门造车、脱离实际的教学行为。

师生互动讨论：传统的教学观念中，教学活动的主体是教师，教学活动是教师向学生传授知识，教师仅仅是授业者。在现代的教学观念中，学生是教学的主体，教师在教学活动中，既是知识与思想的传播者，也是教学活动的组织者和引导者。教师的主导作用在于启发、诱导，角色向更高层面转换，对教师的能力提出了更高的要求。

作业课题设计：课题设计是训练学生动脑动手的重要手段，是培养高等职业教育应用型人才实际设计能力的重要措施。学生通过教师的理论讲授和实例分析获得的理解与感悟，必须通过做作业才能转化成设计的应用能力，因此，从作业的设定到教师对学生的辅导及作业小结，都是不可忽略的重要环节。

五、教学部门如何实施本教程

本教程作为一本应用性很强的设计教材，针对高职高专设计人才的培养规格，可直接有效地应用于设计教学活动，任课教师可依据它开展教学活动，从而使教学活动有章可循，将教学活动纳入科学、合理、系统的轨道之中。学生有了本教材，对课程的实施、课程的要求、预期目标、课程应讲授的专业理论内容有一个基本的了解和把握，做到对教学内容心中有数，从而进行自主的学习。对于设计教学管理部门来说，本课程的使用将能提供一种科学合理的教学模式，一种新的教学思路，有效地规范课程的教学活动与教学行为，推动教学质量的提高，从而实施有效的教学管理。可以以教程为依据检查任课教师的教学质量及学生的学习进度，对酒店设计这门课程的教学情况做出正确的评估。

六、教程实施的总学时设定与安排

酒店设计作为设计专业学生的必修课，考虑到与设计基础课及其他相关课程的衔接，兼顾学生的认识把握能力，建议原则上安排在二年级下学期和三年级上学期，分两个阶段实施本课程，总学时设定为180学时为宜。课时数可根据学生和本教育部门的实际情况适当地增加，但不得少于现有学时。

本课程教学可作这样的安排：划分成两个段落，二年级下学期为5周（每周18学时）计90学时，三年级上学期为5周（每周18学时）计90学时，总学时为180学时。

七、任课教师把握的弹性空间

艺术设计教学与其他专业教学的不同之处在于其鲜明的个性化特点，必须尊重任课教师在教学活动中的创造性与灵活性，不能完全受到条条框框的约束。因此，作为实施教学活动的教材必须预留一定的弹性空间，才有助于任课教师的主动性的发挥。

本课程的任课教师可以把握的弹性空间主要体现在以下三个方面：

首先，在酒店设计理论的阐述上，教程把握的尺度不求过全过深，而是选择重点，深入浅出，这样就为任课教师留了很大的自由度与空间。任课教师可以根据学生素质的高低，以本教程表述的基本理论为基础，在酒店设计理论和观念的表述上作深浅适度的变化，融入任课教师自己独到的观点和见解，使设计教学活动不仅规范合理，而且充满生动活泼的个性化特色。

其次，在教学方法和教学组织方式上，本教程只是提供了一些建议，未做任何的具体规范，给任课教师预留下了较大的灵活性。当代艺术设计教师在教学活动中，不仅仅是知识的传授者、讲解者，还应该是组织者、引导者，因此任课教师根据自己的教学思维，以符合高等职业教育培养目标，采用恰当的教学方法和教学组织方式十分重要。建议任课教师综合运用多种教学方法，灵活多变地组织教学方式，最大限度地调动学生的学习积极性与主动性。在教学过程中，引导学生主动地获取，而不是被动地接纳。

最后，本课程在每个单元除了设定了命题作业以外，还拟定了与命题相关的作业思考题。其目的是为任课教师提供一个思考、选择的空间，便于任课教师根据本校专业设置的不同情况和学生素质的高低，选择最符合教学对象心理与潜质的作业命题及思考题。从而创造最佳的教学效果，培养出具有综合能力的高职高专设计类人才。

第 **1** 教学单元

酒店设计的基础理论

酒店，也称宾馆、饭店、度假村等。对酒店或饭店一词的解释可追溯到千年以前，当时称为"逆旅""客栈"。酒店伴随人类社会活动由来已久，它是以夜时间为单位，通过出售客房、餐饮及综合服务设施向顾客提供食宿及相关服务，从而获得经济收益的专门性场所和空间设施。

酒店是人类文明进步的产物，随着经济和社会的发展，人们的消费需求不断提高。酒店从古老、简陋到现代化、多样化、规模化，经历了一个漫长的演变过程。酒店发展水平是旅游业发展水平和社会经济发展水平与社会文明程度的标志。一个具有国际标准的酒店首先要有舒适安全的客房，具有能提供美味佳肴的各式餐厅，商业会议厅，贸易洽谈时所需的现代化会议设备和办公通讯系统，游泳池、健身房、康乐中心、商品部、礼品部、书店、美容厅等，同时，还应具备高素质的服务员，向客人提供一流的服务。

酒店（Hotel）一词来源于法语，国外的一些权威词典，对酒店下过这样一些定义：

酒店是在商业性的基础上向公众提供住宿，提供膳食的建筑物。

——《大不列颠百科全书》

酒店是装备好的公共住宿设施，它一般提供膳食、酒类与饮料以及其他服务。

——《美利坚百科全书》

饭店是为大众准备住宿、饮食与服务的一种建筑或场所。

——《国际词典》

1 一、酒店发展概述

（一）中国酒店发展历程

1.中国酒店的初级阶段

我国是世界上最早出现酒店、宾馆的国家之一。在殷商时期出现官办的"驿传"，孔子在《论语》里提到的"逆旅"，就是酒店建筑的雏形。在历史的演变中，随着各类人员流动和商品交换等活动日益频繁，酒店业在大规模的人际交往和贸易流通等各项经济社会活动中不断增加功能、扩大规模，由仅为旅客提供简单食宿的基本生存条件的场所，逐渐发展为包含多种服务功能、内部环境更加优美、建筑品位不断上升的公共场所。

2.中国酒店的形成阶段

20世纪初，随着封建社会的解体，东西方文化的交融，西方较为成熟的酒店建筑设计也被带入中国，这一时期具有代表性的酒店有：1901年在北京落成的北京饭店，1906年在上海落成的汇中饭店，1928年在上海落成的和平饭店。新中国成立之后，我国酒店业在设计上、施工技术和设备配置上均有很大的提高，为了满足国际交往、公务出差等需要，在50年代至70年代先后建成了北京友谊宾馆、广州白云宾馆等。

3.中国酒店的发展阶段

1978年后，改革开放给中国社会经济带来巨大活力，我国真正开始走上了现代酒店的发展阶段，这一时期旅游探亲、商务往来人数增加，大大促进了我国酒店业的发展。这一时期具有代表性的酒店有：1982年由国际著名建筑设计大师贝聿铭设计的香山饭店。饭店坐落在旅游胜地香山公园内，自然环境得天独厚。香山饭店在建筑上别具一格，既有中国古典建筑的传统特色，又有现代化的服务设施，具有很高的文化品位。1984年建成的北京长城饭店，是我国第一家按照国际五星级标准建造的中外合资酒店，是中国最早使用玻璃幕墙的酒店建筑。此外，还有1983年建成的广州白天鹅宾馆，1983年建成的南京金陵饭店等。

（二）西方酒店发展历程

1.西方酒店形成的初级阶段

在古希腊、古罗马时期就出现了为人们提供食宿的场所，当时称为客栈。客栈设备简陋，仅能提供吃、住，安全性差，服务质量差。

2.西方酒店的形成阶段

中世纪到19世纪中叶的工业革命极大地提高了生产效率。随着工业化进程的加快和人们消费水平的提高，社会财富大量积累，出现了自由而富有的有闲阶级。为了方便度假者和公务旅行者，酒店业有了较大的发展。这个时期的酒店开始有了简单而明确的功能分区。无论是豪华的建筑外形，还是奢侈的内部装修、精美的餐具以及服务和用餐的程式，无不反映出王公贵族生活方式的商业化。为此，这个时期被称为"豪华酒店时期"，或者"大饭店时期"。这一时期具有代表性的酒店有1829年在波士顿落成的特里蒙特饭店，1836年在纽约开业的阿斯特酒店，1850年建成的巴黎大饭店，1876年开业的法兰克福大饭店等。这些饭店客房较多，设施设备较为齐全，已能为人们提供舒适、便利、清洁的服务。

3.西方酒店的发展阶段

20世纪20年代，随着新兴工业崛起，建筑材料、设备、施工工艺的不断提高，钢筋混凝土的广泛运用，促进了美国酒店业的快速发展。这一时期具有代表性的酒店有1908年在美国落成的第一家商务酒店——斯泰特勒酒店。20世纪50年代后，随着新结构、新技术、新型材料的运用，酒店业飞速发展，在西方文化艺术的影响下，酒店设计从单纯的满足物质功能走向创造精神功能的阶段。现代的酒店不光能为客人提供舒适、便利、清洁的服务，同时，客人也要求酒店提供更为个性化的服务，酒店的市场定位更为专业化。（图1-1，图1-2）

▲ 图1-1　墙面以乳白色和灰色相结合，反复运用线条的交错，凹凸有致，构成一个放射面，加上绿色植物的陪衬和镶嵌式地面的结合，让整个干净利落的现代空间不失活跃。

▲ 图1-2　户外的休憩区采用了错落有致的木条装饰。随处可见的根雕小茶几与现代感的沙发对比，无序排列的装饰木条与有序的简洁沙发线条对比，形成了独特的设计风格。

二、酒店的类型与等级

目前，区分酒店类型一般按酒店的经营性质、酒店的规模、酒店的地理位置等进行，但无论按哪种方法区分酒店类型都不可能做到严格的划分，而是各有重叠，相互兼有。

（一）酒店的类型划分

1.按酒店的经营性质划分

随着时代的发展，酒店的客源结构和外部环境发生了较大的变化。酒店应该是有目的地设计，以满足不同的功能需要，使其达到合理的要求。不同的国家、不同的经济发展状况、不同的地理环境、不同的地区条件以及经营方式和市场需求的不同，对酒店类型也有不同的需求。

▲ 图1-3 蓝天白云下的热带植物，使人身心愉悦。

▲ 图1-4 成片椰树下错落有致的餐桌上点上灯火，极具浪漫气息的海滨度假环境。

按酒店的经营性质可分为商务型酒店、会议型酒店、度假型酒店、主题酒店、精品酒店、经济型酒店等等。

（1）商务型酒店，主要以接待从事商务活动的客人为主，为商务活动服务。这类酒店对地理位置要求较高，一般靠近城市中心。酒店交通便宜、位置醒目。这类酒店对硬件设施和舒适性也有较高的要求，特别是对提供商业活动设施和通讯系统方面要求较多。例如办公桌、互联网接口、国际国内直拨电话、传真机等设备。商务型酒店服务功能完善，客人住宿舒适、安全方便，其客流量一般不受季节的影响而产生大的变化。酒店在室内设计、装修及提供的商务通讯工具上都应体现其现代、商务的内涵，有些酒店还增加了商务行政楼层。酒店有会议厅、宴会厅、中餐厅、西餐厅、商店、健身房、游泳池等设施。（图1-3，图1-4）例如，重庆洲际酒店，它是由洲际酒店管理集团管理的国际商务型酒店，位于解放碑商业步行街内，拥有各类客房及套房，每个房间都配有宽大的写字台，配有实用的控制按钮，2条国际电话线和1条市话线分别设置在床边、写字台上和浴室内，为出门在外的商务旅客提供便捷，为商务旅客的工作带来了极大的便利。

（2）会议型酒店，主要是指能够独立举办会议的酒店，它是以接待会议旅客为主的酒店。举办国际会议的酒店一般位于交通便捷的城市中心。一项国际会议的举办将大大提高城市或地区的知名度。除具有一般酒店的食宿娱乐外，会议型酒店还应妥善设置会议接待机构、有完善的会议服务设施，如大小会议室、同声传译设备、投影仪

等，还应提供资料打印、录像摄像等服务。（图1-5，图1-6）

（3）度假型酒店，以接待休假度假的客人为主，大多建在风光秀丽的旅游度假胜地。度假型酒店要求有较完善的娱乐设备，为休闲度假游客提供住宿、餐饮、娱乐和游乐等多种服务功能。度假型酒店的主要优势是利用自然景观和生态环境向旅客传达不同区域、不同特色、丰富多彩的历史文化。度假型酒店除了具有住宿、餐饮、娱乐、会议等常规性功能外，根据地理环境、地区条件的不同，酒店内设施也应有不同的特色。度假型酒店在外部设计、内部装修上更注重对自然景观的利用，强调与大自然的和谐，与环境相融，达到人与自然亲密接触的目的。例如，温泉度假酒店、海滨度假酒店。（图1-7～图1-9）

（4）主题酒店，是指以酒店所在地最有影响力的地域特征、文化特质为素材而设计、装饰、建造的酒店。其最大的特点是赋予酒店某种主题，这个主题可以是以某一特定的主题来体现酒店的建筑风格和装饰艺术以及特定的文化氛围，让顾客获得富有个性的文化感受，也可以将服务项目融入主题，以个性化的服务取代一般化的服务，让顾客获得欢乐、知识和刺激。历史、文化、城市、自然、神话童话故事等都可成为酒店借以发挥的主题。主题酒店往往利用所在地域的自然、人文或社会元素作为主要成分，表现出独特的文化内涵与魅力。

主题酒店是集文化性、独特性和体验性为一体的酒店。主题酒店的文化以酒店文化为基础，以人文精神为核心，以特色经营为灵魂，以超越品位为形式。文化性体现了酒店对内涵的追求，文化是主题，是酒店执行的具体战术和手段，酒店要通过文化来获得竞争优势；独特性在设计时围绕主题建设具有全方位独特性的酒店氛围和经营体系，体现酒店的建筑风格和装饰艺术，以及特定的文化氛围，让顾客获得富有个性的文化感受，从而营造出一种无法模仿的独特魅力和个性特征，达到提升酒店品位的目的；体验性是酒店所追求的本质，酒店最后要实现给顾客独特的体验来获得高回报的利润，这是酒店的最终目标。独特性、文化性、体验性三者相互渗透，缺一不可。例如，广州番禺的长隆酒店，是一家以回归大自然为主题的酒店，其以动物和艺术贯穿于整个酒店环境。有些酒店以老照片、老绘画、老古董、老服饰、老环境营造怀旧主题，也都妙趣横生。

（5）精品酒店，酒店业格局出现大规模分化开始于20世纪90年代喜达屋（Starwood）旗下的精品酒店品牌W酒店（W Hotels）的成功运营，巨大的市场回报拉动了精品酒店的蓬勃发展。目前，精品酒店还有些名称如艺术酒店、时

▲ 图1-5 深灰色的地毯配上浅色的座椅，使会议空间显得简洁、大方。

▲ 图1-6 半包围的环形会议桌让空间更加有序，使会议效果更佳。

▲ 图1-8 因地制宜设计观景房，远看整个房子半悬于空中，通透式的造型，周围利用几何形石条错落穿插，在祥和平静的海面显得活跃，独傲于景色中。日落时分，凭栏远眺，能欣赏到整个海上落日的过程。

▲ 图1-7 墙体大面积采用几何化造型，利用黑色凹凸肌理作为竖型围栏的主要装饰，横向穿插了大量深灰色的几何性石条，看似平淡的细节处理，极好地烘托出酒店的高品质特征。

▲ 图1-9 酒店深谙客人的心理，将最美的景色做了最大化的呈现。卧室门也运用了落地玻璃，四周海水环绕，花园就是起居室，极好的借景让客人足不出户也能欣赏户外景色。

尚酒店等，它们都有许多共同的特点，例如：有时尚的概念、原创的主题、与众不同的设计风格和设计理念、个性化服务等。精品酒店是设计文化和酒店文化高度融合的城市文化现象。精品酒店以其特有的艺术风格和审美，已成为当今国际性大都市的一道特有的文化风景线。（图1-10）

▲ 图1-10 墙面造型的花纹与地面、靠枕的花纹搭配，使整个会客空间变得和谐统一。

（6）经济型酒店，这种经营模式最早出现于20世纪50年代的美国，如今在欧美国家已是相当成熟的酒店形式。在我国是近几年才发展起来的新兴酒店类型。一般来说，所谓的经济型酒店是相对于传统的全服务酒店而存在的一种酒店业态，因此，其概念往往是和豪华型酒店相对而言的。经济型酒店最大的特点是功能简单化，生活通俗化，强调了简约、舒适的特点。它摒弃了星级酒店一些高档的设施，以客房为主。酒店内没有豪华大堂，没有较多的公共区域，没有美容桑拿，没有娱乐设施，因此，也大大降低了酒店的运营成本。这类酒店提供舒适、价廉的基本服务，具有便宜的交通和经济的价格。经济型酒店相对于传统酒店有着很明显的市场优势，给消费者带来的收益很大，越来越赢得消费者的青睐。例如，我们所熟悉的如家快捷酒店、汉庭快捷酒店、锦江之星、7天快捷等。

2.按酒店的建筑规模划分

较通行的方法是根据酒店客房数量或客房床位数量多少以及配套设施的规模来划分，一般分为特大型酒店、大型酒店、中型酒店、小型酒店四种。（图1-11）

（1）特大型酒店，客房在1000间以上。酒店内有大型的游泳池、大型的会议中心、宴会厅、多样化的餐厅、商业街、完整的酒店内部网络、充足的市政建设和能源供给条件。

（2）大型酒店，客房在500~1000间之间。酒店内有游泳池、会议中心、宴会厅、多样化的餐厅、商店及康乐休闲设施。

（3）中型酒店，客房在200~500间之间。酒店内有游泳池、多功能的会议厅兼宴会厅、餐厅及康乐休闲设施。

（4）小型酒店，客房在200间以下。酒店内有多功能的会议厅兼

▲ 图1-11 排列整齐的桌椅让空间变得整洁，圆形的吊灯和百叶窗让空间有了动感，自然光的采用让空间变得宽敞明亮。

酒店分类表

分 类	名 称
经营性质	商务型酒店、会议型酒店、度假型酒店、主题酒店、精品酒店、经济型酒店等
标 准	经济型酒店、舒适酒店、豪华酒店、超豪华酒店
规 模	小型酒店、中型酒店、大型酒店、特大型酒店
环 境	市区酒店、机场酒店、车站酒店、海滨酒店、风景名胜酒店等
功 能	商务型酒店、会议型酒店、旅游型酒店、疗养酒店、中转酒店、汽车酒店等

宴会厅、餐厅及康乐休闲设施。

（二）酒店的等级划分

为了促进酒店建设和酒店经营的健康发展，进一步提高酒店的管理水平及服务质量，满足不同层次消费者的需要，按照酒店的规模、配套设备、服务质量、管理水平，逐渐形成了比较统一的等级划分标准。等级划分成为酒店设计一项重要的指标。酒店的等级在各个国家表示的方式有所不同，一般用"星"的数目、级、字母来表示。例如，瑞士为五星制，英国以皇冠一至五为等级符号，阿根廷分豪华、A、B、C、D共五级，意大利分为豪华、第一、第二、第三共四级。随着酒店业的快速发展，酒店设施和质量的不断提高，现在已出

现七星级的豪华酒店。

我国酒店以星级划分为依据，一般分为五级，即一星级、二星级、三星级、四星级、五星级，星级越高表示酒店的等级、档次越高。星级的划分是以酒店的设计、装饰、设施及服务项目和管理水平为依据的。我国酒店星级的评定一方面取决于酒店的各种配套设施，另一方面取决于酒店设计装饰的水准。星级越高，餐饮的配套设施就越完善，客房的装修就越豪华，要求也越高。（图1-12）

（1）一星级酒店，设备简单，具备食、宿两个最基本功能，能满足客人最简单的旅行需要。

（2）二星级酒店，设备一般，具备客房、餐厅基本功能。服务质量较好，属于一般旅行等级，

能满足旅游者的中下等的需要。

（3）三星级酒店，设备齐全，有中餐厅、西餐厅、酒吧、美容室等，还有会议室等综合服务设施。每间客房家具齐全，有电冰箱、电视机等。服务质量较好，收费标准较高，能满足中产以上旅游者的需要。

（4）四星级酒店，设备豪华，综合服务设施完善，服务项目多，服务质量优良，讲究室内环境艺术，为客人提供优质服务。客人不仅能够得到高级的物质享受，也能得到很好的精神享受。

（5）五星级酒店，这是酒店的最高等级。酒店内设备十分豪华，设施完善，服务设施齐全。具备各种各样的餐厅，较大规模的宴会厅、会议厅，综合服务比较齐全，是社交、会议、娱乐、购物、消遣、保健的活动中心。（图1-13，图1-14）

（三）酒店各功能空间划分（以五星级酒店为例）

2003年，国家旅游局参照国际酒店的等级标准，制定了《旅游饭店星级的划分及评定》文件，加入了预备星级概念，取消了星级终身制。规定酒店使用星级的有效期为5年，同时，还设立了白金五星级，定位于酒店业金字塔的顶端。目前，北京的中国大饭店和上海的波特曼丽嘉将成为我国首批"白金五星酒店"。酒店要获得"白金五星"，必须具备两年以上五星级酒店资格，位置处于城市中心商务区，还要在以下6项参评条件中至少满足5项：

（1）客房面积不小于36m²。

（2）有符合国际标准、能提供正规西餐和宴会的高级餐厅。

（3）有独立封闭的酒吧。

（4）有可容纳500人以上的宴会厅。

（5）国际认知度高，平均每间可供出租客房的收入连续3年居于所在地区星级酒店前列。

（6）有规模壮观、装潢典雅、出类拔萃的专项配套设施。

▲ 图1-12 每个建筑都是亭楼式建筑，各有一个延展出去的亭廊，方便客人观景休息。

酒店各功能空间面积（以五星级酒店为例）

酒店功能用房	总面积中所占的百分比
客房	55%~60%
餐饮	5%~7%
宴会厅	8%~10%
康乐	5%~7%
行政后勤	控制在1%
后勤	8%~10%
机电设备	8%~10%

各星级酒店客房标准间最低净面积（不含卫生间和门廊）

酒店星级	面积/m²
一星级	15
二星级	18
三星级	25
四星级	30
五星级	36

▲ 图1-13 客房内简单大方的灰色沙发和暖色调的装饰巧妙地融合，朴实而庄重。

▲ 图1-14 深色雕花实木墙面和桌椅的色彩和谐统一，给人以古朴典雅的温馨感觉。

1

三、酒店设计风格

酒店设计风格的形成与酒店所在的区域、当地的自然环境、客观条件和人为因素密切相关。当前，酒店设计风格主要有以下几种：

（一）古典主义风格

古典主义风格包括宫廷式风格、传统中式风格等。在改革开放初期，人们崇尚西方的古典主义风格，多将巴洛克风格和洛可可风格融于设计中。传统中式风格的主要特点是典雅、大方，多采用木雕、砖雕、石雕、窗棂扇、花门栏杆等传统中式建筑元素。（图1-15）

（二）自然风格

自然风格是以不同的地域环境为主要特点，以亲近自然的设计语言体现其设计个性，以人性化设计为酒店注入持久的生命活力。酒店

▲ 图1-15 暖色调的大量使用，使空间变得更加温馨舒适。

和所在地或景区大环境构成一个整体，让客人置身于其中产生回归自然的心理感受，体验大自然的美与和谐。自然风格常运用天然的木、石、藤、竹等材质质朴的纹理，从空间本身、界面的设计和风格意境所具有的最原始的自然气息来阐释风格的特质。

（三）新装饰主义风格

新装饰主义风格又称新艺术风格，它是用自然元素，融会东西文化和现代艺术，经过现代科技和现代人的生活经验重新整合演绎，然后统一在一个空间里。在设计中运用新材料、新结构的同时，浸透着艺术的风格。新装饰主义风格崇尚少就是多的思想，以最纯净的形式，用相当普通的材料，使用最精简的手法，加以经典的艺术图案，表现出高深的内涵和艺术的空间气质，使其符合现代人的生活方式习惯，同时又富有文化韵味和艺术情调的风尚。新装饰主义风格着重于实用，在呈现精简线条的同时，又蕴含奢华感。由"轻装修重装饰"到"轻装修重空间"，新装饰主义风格代表实质生活的内涵与艺术的发展方向，作为时代发展的设计要素，成为新的设计风格。（图1-16）

（四）现代主义风格

现代主义风格起源于1919年包豪斯学派，是工业社会的产物。现代主义风格提倡突破传统，创造革新，重视功能和空间组织，注重构成本身的形式美。现代主义风格的主要特征是造型简洁、时尚，具有强烈的时代特征。在设计上重视功能性，多采用直线进行装饰，尊重材料的特性，讲究材料自身的质地和色彩的配置效果，崇尚合理的构成工艺，在保持材料天然性的同时，注重材料的质地和色彩配置。

（五）后现代主义风格

后现代主义风格出现于20世纪60年代，是一种在形式上对现代主义进行修正的设计思潮与理念。后现代主义设计理念完全抛弃了现代主义的严肃与简朴，往往具有一种历史隐喻性。它强调建筑室内的装饰，强调与空间的联系，以欧美当代建筑艺术设计为主要特征。使用非传统的色彩，为多种风格的融合提供了一个多样化的环境，使不同的风貌并存。在装饰手法上采用混合、拼接、分离、简化、变形、解构、综合等方法，运用新材料、新的施工方式和结构构造方法来创造，从而形成一种新的形式语言与设计理念。（图1-17~图1-20）

▲ 图1-16 高低起伏、变化多端的墙面造型，使整个空间层次感更强。

▲ 图1-17 光滑的白色墙砖和玻璃的搭配，使空间变得更加宽大明亮。

▲ 图1-18　简单的桌椅造型、高雅的色调在简单大方中又不失品位。

▲ 图1-19　深色与浅色的巧妙搭配，体现了简单大方却不失典雅的高贵品质。

▲ 图1-20　深色实木的会议桌、门窗、皮质的座椅，使会议空间显得庄重。

1 四、国内酒店设计现状及发展趋势

（一）国内酒店设计现状

酒店设计是一种涉及多领域、多学科的艺术设计，是一项动态的系统工程。酒店设计应严格满足有关的法律法规和酒店特定的经营需求，合理、经济并充分体现酒店的定位理念。酒店设计包括功能规划设计、装修设计、照明设计、景观设计等多项内容。酒店设计对酒店建设及营运成本高低、投资与经营成功与否有着重要的关系。改革开放后，我国酒店业进入了大规模的建设期，这一时期涌现了一大批优秀的设计师和设计作品，但与我们的综合国力相比，酒店设计的整体水平还远远不能适应社会发展的需要。

1.大批国产酒店设计千篇一律，缺乏特色和创意

在中国各大城市众多的星级酒店，尤其临近商业区的酒店，无论是从酒店规划、建筑设计、功能布局到室内风格、材料乃至客房的样式都惊人的相似。

2.真正懂得酒店的建筑师和室内设计师非常少

我国现有的酒店设计人才资源构成都是基于20世纪50年代以来形成的建筑教育思想和教材体系，对于酒店认识不够深入。因此，在设

计时往往只重视建筑的结构、装饰和美学方面，而忽略酒店的功能设计和市场定位，而这两个方面恰恰又是酒店成功的关键。

3.重形式，轻精神

目前国内许多设计师往往追随现代风格、后现代风格、解构主义风格等，而忽略其设计精神。而21世纪酒店的竞争必将是文化的竞争，光有华丽的外表而无殷实的文化内涵是经不住时间考验的。（图1-21，图1-22）

▲ 图1-21 奢华复杂的欧式古典装饰使宴会厅显得非常的华丽。

▲ 图1-22 华丽的地毯加上白色的落地窗使会议空间显得宽大、明亮。

（二）国内酒店设计发展趋势

截止2006年年底，有37个国际饭店管理集团的60个饭店品牌进入中国，共管理502家饭店。世界排名前十的国际饭店管理集团均已进入中国。而且在未来几年，国际饭店管理集团管理的饭店数量还将迅速增加，比如，洲际酒店集团最新的全球发展计划，在中国拓展的饭店数量将占其全球发展总数的三分之一，2008年在华管理饭店总数将达125家。为了缩小与国际酒店的差距，我国酒店业必将顺应国际潮流，在客源结构、营销方式、管理手段、设计布局等方面寻求变化。

随着中国经济的腾飞、旅游业的快速发展，再加上国内丰富的旅游资源、国内星级酒店设计范围的日渐扩展，为酒店业的发展提供了良好的外部环境。酒店设计业在资源的不断整合中、在创新中、在实践中提高、发展。当前，人们的环境意识、安全意识不断增强，可持续发展成为全社会的主旋律。大量新技术、新材料的使用让酒店设计朝着产业新兴化、技术新潮化、手段科学化的方向发展。从更为科学的角度，通过更为细化的资料，进行系统的分析与研究，从而在设计观念、理论基础、方法原理、技术手段等各方面探索出新的变革，设计观念和设计形式中出现的多样化和包容性趋势，是我们未来设计发展的新趋势。

1.可持续发展趋势

随着时代的进步，生态价值观越来越规范着人们的行为，酒店设计应提倡自然环境与人为环境的融合，减少对地球环境的过度消耗，使人类的自然生态环境得以继续和延伸，让人类活动时对自然生态的影响控制在适当的范围。我们在进行酒店设计时要满足生态美学和环保的要求，从室外环境到室内的环境系统应最大限度地利用周边自然环境优势，节约能源，运用科技手段创造出与自然融合的生态环境。积极利用再生资源，充分利用自然光、太阳能等，加强对天然资源的利用。积极开发和使用真正环保型的装饰材料。对传统的使用方式进行有目的、有概念性地改造和应用。

2.主题化、个性化趋势

因为所处的城市、地区、当地人文及生态环境的不同，业主投资、酒店经营公司和酒店管理公司的不同，市场定位的不同，酒店应该具有不同的气质和特色。如今社会的高科技、快节奏，使现代人更崇尚自然，更注重心灵健康和享受。在酒店设计中应注重民族特色和历史文脉，使人们在休闲娱乐的同时感受到地方、民族的历史文化传统，体会特有的文化韵味。因此，酒店设计要杜绝照搬、照抄国内外现有酒店的设计模式，真正地根据每个酒店的特点，创造出各自的形象和品牌。在酒店设计中为了避免千篇一律，重复创造，在设计时应突出功能设计特色化，注重新思想、新创意的运用，尽力避免盲目追求豪华和追求流行，力求在酒店建设、产品和经营服务上具有特色。为了吸引高层次的客源市场，让客人感到新鲜、快乐和刺激，带给客人难忘的体验，越来越多的饭店向个性化方向发展。使客人置身于其中时产生与其他酒店完全不同的心理感受。这种具有主题化、个性化的酒店已成为当代酒店设计的发展趋势。例如，杭州2006年世界休闲博览会的主体建筑——梦幻城堡，设计定位为超五星级主题酒店。该酒店由美国酒店设计师威尔登·普逊设计，表达了对中国古代西域海市蜃楼的理解和对人间极乐场所的多重想象。

3.人性化、艺术化趋势

随着社会的和谐发展，人性化的设计理念成为酒店动态化设计的主要方向。因此，酒店设计应为"舒适性设计"，在满足客人的精神追求的同时，营造更为温馨的环境氛围，满足人们求新、求异、求变的本性，摈弃繁琐奢华的设计手法，以人性为主体，每时每刻都给使用人群最贴心的关怀，在强化实用功能的同时塑造和挖掘品牌自身的文化内涵，以更亲近自然的设计语言体现设计文化，反映创新意识。在酒店设计中，运用艺术的手段和方法表现不同地区、不同民族、不同文化特点，从传承文化内涵为切入点，让富有表现力的艺术手段将文化和历史融入酒店设计中，形象地表现酒店的风格和特点，从而使酒店不光成为客人入住的场所，更是客人体验高质量的生活品质和艺术魅力的地方。（图1-23，图1-24）

4.注重新技术、新材料的运用

随着科技的进步，新材料、新技术、新工艺层出不穷，为现代酒店设计提供了更多的设计方法和表现方式。信息时代的到来，改变了人们生活的模式，酒店设计中智能技术的运用，提高了酒店的品质，影响了酒店的动态设计。20世纪信

▲ 图1-23 富贵华丽的家具，简单的几何图形的分割。

▲ 图1-24 灰暗的灯光给空间增添了浪漫的情调。

▲ 图1-25 独特而有规律的天花造型，摆放整洁的桌椅，使空间多了份轻松的感觉。

▲ 图1-26 白色的落地窗配上酒红色的窗帘，华丽的欧洲风情。

息社会的发展，促使我国酒店业除进行信息化改造之外，还出现以智能化为目标的智能酒店。例如，广州的亚洲国际大酒店，其设计定位为豪华智能商务会展酒店。酒店采用最新的"e-hotel"酒店数码化服务系统方案，把酒店内部管理网络、因特网和客户服务网组合在一起，实现三网合一。这样，酒店不仅实现了内外资源的整合和统一的管理，还让客人享受随时随地的上网、网络会议、客房网上点餐、远程或移动办公等服务。而且，酒店可以通过宽带技术，根据客人的个人资料、消费历史记录为每位客人提供不同的"个性化"服务。

　　总之，尽管中国消费文化具有复杂性、地区差异性等特点，但从目前酒店发展来看，由于受到西方发达国家的影响，酒店发展有和发达国家趋同的趋势，而使酒店的地方性相对弱化。因此，我国酒店业的发展要认识到全球消费文化发展的共同趋势，不能简单地照搬发达国家的设计概念，而应该多加关注中国的消费文化。（图1-25，图1-26）

1 五、中外部分著名酒店介绍

（一）上海金茂君悦大酒店

　　金茂君悦大酒店地处浦东陆家嘴的中心，是往来浦西的老上海中心及城中著名的旅游景点。酒店交通方便，周围有上海著名的外滩、博物馆、大型商场和世纪公园等等。酒店位于上海浦东金茂大厦的53层至87层，为世界上最高的超豪华五星级酒店。酒店中庭高152m，直径27m，28道环廊在霓虹灯的照射下光彩夺目，非常漂亮。酒店从53层向上直达塔尖，被科学家誉为"金色的年轮"，被建筑师称为"共享空间"。其装修极具特色，在现代酒店设计中融入了中国传统文化，客房内均采用了豪华艺术装饰融合传统中式设计概念，555间豪华客房均可欣赏叹为观止的酒店33层中庭、东方明珠、外滩及浦西城市景致。酒店拥有11个餐厅及酒吧，可为宾客提供来自世界各地不同的风情美食，每间餐厅均有绝美的景致并提供尽善尽美的服务。酒店的14间大小不一的会议室和多功能厅可容纳12人至1200人大小不等的会议及活动。酒店有能容纳390人的金茂音乐厅，容纳数百人的宴会厅，设在88楼层的观光厅，建筑面积为1520m^2，是世界上最大的观光厅。

（二）三亚喜来登度假酒店

三亚喜来登度假酒店地处海南三亚的亚龙湾国家度假区，酒店已经连续三年成为"世界小姐唯一官方指定酒店"。酒店坐落于亚龙海中心地带，面朝中国南海。酒店具有朴素自然的建筑风格，宽松舒适的度假居住空间，独特的空间效果以及建筑与环境的渗透与交融等特点。在建筑尽可能融入自然环境的同时，建筑的布局也很好地解决了自身的需求。"融于环境，突出环境"是三亚喜来登度假酒店的设计理念。为了让客人进入酒店大堂后就可以看见白色沙滩和迷人的热带花园，酒店的主入口和大堂设在酒店二层，整个建筑采用"U"型平面布局，向大海敞开，"U"型布局使酒店的海景客房达到了75%，建筑由两翼向中间逐级退台，退台的处理营造了大量的露天平台，为游客提供了享受热带海滨阳光的室外空间，与周围自然环境保持了比较大的接触面。（图1-27，图1-28）

（三）北京中国大饭店

北京中国大饭店于1990年开业，酒店坐落在北京外交及商务活动的中心地带，与中国国际贸易展览大厅和国贸商场相连，毗邻紫禁城，是出发游览北京的最佳地点，是目前我国唯一一家入选世界前100名的酒店。酒店楼高22层，共有标准客房和高级套房745间，酒

店大堂璀璨生辉的水晶吊灯，闪烁的金叶装饰的天花，深红漆的巨型廊柱以及与其交相辉映的大理石地面，融合了中西方高雅华贵的时尚理念，呈献给客人一个优雅温馨的全新世界。客房内的装饰极具中国传统特色，现代化设施一应俱全，各类客房及套房是经典、奢华和品味最纯粹的典范。酒店内的餐厅和酒吧提供各地美食，充分满足各地

▲ 图1-27 设计独具匠心，楼房似阶梯式紧密排列，每个房间可以远眺大海。

▲ 图1-28 休闲区被包围在自然景色之中，整个空间在阳光的普照下清新自然。

旅客的饮食习惯。这里有北京市内最先进的会议设施和各类场地供客人选择，包括用于私人聚会的多功能室、可容纳800人的大宴会厅、可容纳2000人的会议厅等，酒店的健身中心设有室内游泳池、壁球室、2个模拟高尔夫球场、3个网球场、12道保龄球场，还有桑拿浴、蒸气浴以及先进电脑控制的运动器械。

（四）迪拜伯瓷酒店

全世界最豪华的酒店位于阿拉伯联合酋长国迪拜的伯瓷酒店，又称帆船酒店，是世界上唯一的七星级的酒店。酒店开业于1999年12月。伯瓷酒店由英国设计师汤姆·赖特设计。酒店的工程花了5年的时间，两年半时间用在阿拉伯海填出人造岛，两年半时间用在建筑本身。建筑使用了9000吨钢铁，并把250根基建桩柱打在40m深海下。酒店通体呈塔形，外观如同一张鼓满了风的帆，一共有56层、321m高。伯瓷酒店外层是双层玻璃纤维屏幕设计，在阳光下呈耀眼的白色，晚上则呈彩虹色彩。酒店内的设施也一样可以令它成为当今世界的先进建筑。客房面积从170m²到780m²不等，全部202间套房都配备有精密的多媒体系统，可提供自由电影选择、互联网、网上购物及信息服务。酒店的大厅、中庭金碧辉煌，任何地方都是金灿灿的，连门把手、水龙头、烟灰缸都镀满了黄金。酒店客人搭乘电梯33秒内即可到达鸟瞰迪拜的空中餐厅。在伯瓷酒店还有海底餐厅，酒店用潜水艇接送客人，客人在用餐时即可观赏海底美色，沿途有鲜艳夺目的热带鱼在潜水艇两旁游来游去。伯瓷酒店的豪华服务还包括：可提供私人服务员、私人专用电梯、旋转睡床和私人戏院。

（五）米高梅大酒店

米高梅大酒店坐落于赌城的中心区拉斯维加斯大道及热带路的交会十字路口上，于1993年底完工，是拉斯维加斯最大的酒店之一。酒店以翠绿色的玻璃外罩造型，独具一格，在翠绿色玻璃笼罩之下的饭店由四栋主要建筑物组成，其酒店的建筑风格模仿的是18世纪意大利佛罗伦萨别墅，内部装潢分别以好莱坞、南美洲风格、卡萨布兰卡及沙漠绿洲等为主题。酒店门口伫立着一只巨大的被喷泉围绕的金色狮子，气势十足。酒店也正如屹立于门前的雄狮一样，傲视群雄，独占鳌头，有"娱乐之都"的美誉。

六、单元教学导引

目标

通过对酒店设计基础理论的学习，让学生对酒店设计的基础知识和概念有一个比较清晰的认识，了解酒店的类型与等级，熟悉目前酒店设计的风格、潮流和趋势，对酒店设计的美学及行为心理学有一定的认识。

要求

本单元通过多媒体教学，图文并茂，使学生对中外酒店的发展历程、发展趋势等有一定的认识和了解。在教学中，可以引导学生对酒店设计的现状和发展前景、设计趋势等展开讨论，增强学生对基本设计理论的理解。

重点

酒店设计的发展趋势、特点及酒店设计的基本原则。

注意事项提示

通过本单元的学习，让学生掌握酒店设计的理论基础，养成讨论和思考的习惯。

小结要点

本单元分为五个部分：第一部分讲述了中外酒店的发展历程；第二部分讲述了酒店的类型和酒店的等级；第三部分讲述了酒店设计的风格；第四部分讲述了国内酒店的设计现状和发展趋势；第五部分介绍了中外部分的大酒店。通过这五个部分的讲述与介绍，为下一个单元的教学设计做好准备。

为学生提供的思考题：

1.中外酒店的发展历程是怎样的？
2.酒店的主要类型有哪些？
3.酒店划分等级的标准是什么？酒店星级划分中，通常将酒店划分成哪些等级？
4.当今酒店有哪些发展趋势？
5.讨论在酒店设计中怎样体现"以人为本"的原则。

为学生课余时间准备的练习题：

1.总结本书没有提到的酒店设计的风格和流派。
2.讨论行为心理学在酒店设计中的应用。
3.分析经济型酒店的发展趋势，在设计经济型酒店中应注意的问题。

为学生提供的本单元的参考书目及网站：

《当代设计》期刊，台湾当代设计杂志社
《酒店精品》期刊，传奇故事杂志社
杨豪中，王葆华主编.室内空间设计——居室、宾馆[M].武汉：华中科技大学出版社
张绮曼，郑曙旸主编.室内设计资料集[M].北京：中国建筑工业出版社
设计在线，http://www.dolcn.com/
中国酒店设计网，http://caaad.blog.china.com/

本单元作业命题：

根据教程单元教学内容及任课教师的教授，以"现代酒店的风格和发展趋势"为题，学生自行查找相关资料，完成2000字左右的调查报告，由教师组织学生进行分组讨论。

作业命题原因：

使学生将单元教学内容融会贯通，掌握一定的理论基础知识，了解酒店设计的发展方向。

命题作业的具体要求：

1.调查报告要求有自己的看法和见解，不能下载抄袭。
2.调查报告要求电脑录入，图文并茂，打印在A4纸上，以备任课教师打分，记入单元成绩。

第 2 教学单元

酒店设计方法

2 一、前期的准备与构思

（一）计划准备

酒店设计要在总体策划定位的框架下，紧紧围绕酒店经营、服务等需要进行设计。设计准备是整个设计工作开展的基础。在项目设计开始之前，应对将要进行的设计项目进行明确的规划。

1.设计的目的、任务

明确设计的目的、任务是设计前期首先要弄清楚的问题，只有明确知道做什么，才能思考怎么去做。从功能需要、审美等不同的角度了解设计所需要解决的问题，拟定设计目标作为整个设计的基准。

2.项目计划书

酒店设计应有相应的项目计划，设计师必须对已知的任务进行计划安排，从内容分析到工作计划，形成一个工作内容的总体框架。酒店设计是综合性较强的工作，把整个项目理出一个清晰的工作思路是非常必要的。

3.设计资料和文件

在进行设计之前，对项目的性质、场地、环境、交通等进行综合分析，获得建筑平面图及建筑立体图等项目基本资料，为设计工作的开展提供参考意见。(图2-1，图2-2)

（二）现场调查、分析

1.资料分析

对建筑图纸资料进行分析，了解工作的内容和基本状况，仔细核对图上有关的信息，找出不完善的地方，便于在场地实测中予以更正。

2.场地实测

酒店设计对尺寸的准确性要求较高，应到现场仔细核实图纸尺寸，对现场空间的各种关系现状做详细的记录。对建筑空间质量、基础设施、周围环境、交通以及配套设施和设备等做到充分的了解。

3.设计咨询

设计师应对酒店设计所涉及的法规了解，因为它关系到公共安全、健康，法规咨询包括防火、疏散、空间容量、交通流向等。设计

▲ 图2-1 酒店大堂采用了简洁对称的线条和黑白对比色，黑与白之中都有着不同的细节处理。

▲ 图2-2 天花板与地面相对应，似两条小路，天花板以平整显示出简单、明亮，地面以横铺地板为造型，柱子则以竖立的条状结构相拼凑，凹凸交错有致，与地面相对应，赋予空间节奏与韵律。

▲ 图2-3 木质的装饰朴实而大方，石质的装饰品，使人更贴近自然。

▲ 图2-4 该空间采用无隔断的开放式的设计风格，使空间得到了充分的利用，丰富了空间的色彩关系，活跃了空间气氛。

▲ 图2-5 设计新颖的桌椅，使空间充满了活力。

师应在满足建筑规范的基础上实现对其进行装饰设计。

4.意向调查

设计之前设计师应该充分了解业主的要求、期望等，必须尽可能把握。在进行意向调查时，设计师可以自己设计一些表格，考虑尽可能多的细节。

（三）酒店设计所需的专业团队

酒店涵盖了多种功能，包括酒店客房、酒店大堂、宴会厅、餐厅、休闲娱乐等设施。同时，因为酒店接待人群的特殊性，所以必须有很多专业人员来协助设计团队，从而达到酒店功能的要求。作为设计师，在酒店设计阶段中，熟悉各设计阶段的工作范围和各专项团队之间的工作流程是至关重要的，以下是在酒店设计中常见的各专业设计内容：

（1）建筑师：负责协调酒店全面设计。负责建筑外装饰、外部照明设计，空间布局和所有区域装饰材料的规格标准，外立面建筑材料、相关的结点做法等。

（2）室内设计师：整体概念及主题设计，室内设计师的设计还应涵盖电梯轿箱内部装饰，公共休息区及某些后场区域的设计，为酒店公共区域及客房选定装饰材料。

（3）设计院：设计院由建筑师、工程师、预算师及其他相关建筑专业人员组成。负责在所有设计阶段审核图纸以确保符合当地规范及法规要求。(图2-3，图2-4)

（4）景观设计师：根据室外工程的大小，设计景观、喷泉、水景、路面、围墙、走道、室外照明、标志牌位置等。

（5）灯光设计师：与室内设计师协同工作，负责酒店灯光设计以营造一个舒适而又富有创意的环境，有时也为室外照明提供设计。

（6）机电工程师：负责提供空调、电气、给排水系统设计。

（7）视听、信息技术工程师：负责协调设计及选择所有视听系统，包括视频会议设备、投影、宴会厅及会议室设备等。负责电话交换机、互联网、客房电脑预订系统、物业管理无线网络系统、排线缆、电视、卫星接收系统等。

（8）厨房及洗衣房设计师：负责厨房及洗衣房设备、冷库、装卸货区设备、餐饮储物间、配餐室、自助餐台等设计。

（9）交通设计工程师：负责设计酒店内外交通流动系统。计算平均日人流量，分析交通统计数据，分析十字路口容量，为空气质量及噪音分析提供数据。

（10）电梯及自动扶梯设计师：负责设计垂直运输系统。包括收集及分析人流通数据，计算负载、梯速等，与室内设计师协调电梯内部设计。

（11）标志及图案设计师：为酒店所有区域设计室内外标志及其他促销宣传材料。(图2-5，图2-6)

▲ 图2-6 金黄色的运用增添了客房富丽堂皇的感觉，空间内简单大方的条形分割使空间的层次感加强。

2 二、立意与表达

（一）设计过程

设计过程具有设计自始至终的阶段性，阶段性的意义在于对各种问题和各种因素作较为慎重的考虑，分步骤、分主次、分内容，比较全面地把握全盘问题。设计过程是理性与感性的结合，既要有严谨的推理和分析，又要有设计的灵感。在此过程中应该要求建立一套清晰的大框架，在此框架下考虑合理的功能、创造性的美感和设计意向。一般分以下几个阶段：

1.设计计划

酒店设计的第一个过程就是要确定设计的条件，包括场地、周围交通、环境、造价、业主要求等等，通过各种资料的综合分析，拟定设计目标作为整个设计的基准。(图2-7，图2-8)

2.概要设计

在设计计划和分析归纳完成与总结后，就开始进入正式的酒店设计工作。在这一阶段对设计对象已经有了基本的定义。酒店的平面功能关系、酒店各功能的关系、空间比例尺度、各空间的要素也要在这一阶段进行初步探讨。

酒店平面功能分析非常重要，它能帮助各方理解整体结构、流通方式及面积分配。在平面图中要指明酒店各功能区域的位置，确定其各自的方位。在设计的过程中设计师应对自己设计的方案进行比较、筛选。

3.设计发展

酒店设计方案在经过概要设计阶段和与业主的沟通之后，设计理念应在功能、形式及内容上大致确定。在设计的过程中，能深入地找到问题，并在一定程度上得到解决。

（二）思维与图解

1.设计思维与图解表述

一般来说，人的思维活动有两种方式：一种是语言思维方式，一

▲图2-7 深色的大量使用，使整个空间显得更加高贵典雅。 ▲图2-8 深色木质桌椅、镂空雕花的隔断、天棚造型、简洁的书架，这些使空间有了古朴典雅的氛围。

种是图像思维方式。这两种方式都依赖于视觉，不同之处在于传递意念时使用的手段和符号的不同。其中图像思维方式是进行设计活动最为常见的方法。

酒店设计包含多种复杂的功能空间设计内容，设计师对这些内容应该保持清晰的思路，针对设计中遇到的不同问题，绘制不同的概念图，养成图解分析的习惯。图解分为两种，一种是图形图解，另一种是分析图解。图形图解是通过画草图的方式让大脑中模糊的概念逐渐清晰的过程，设计师通过对草图的推敲、调整，最后到达对空间的整体把握。分析图解是设计师在设计过程中所涉及的酒店各功能空间内容和表达方式，用文字记录下来，帮助设计师整体把握和分析。(图2-9，图2-10)

▲图2-9 洁白的会议桌使整个空间变得宽敞明亮，梅花壁纸活跃了空间气氛。 ▲图2-10 高空间的设计使用餐环境变得宽敞明亮，视野也得以延伸。

2.图解表达类型

设计是将设计师头脑中的空间思考通过设计方案图把具体的形象展示出来，在设计过程中针对所遇到的不同问题，通过观察、想象、绘图、文字等使思考和图形形式逐渐形象化，使图示内容表达清晰，便于讨论和交流。一般来说，酒店设计中有以下3种图解方式：

（1）概念草图：一般围绕酒店的使用功能展开思考，对酒店平面功能分区、交通流线组织等问题进行分析，通过徒手草图方式，采用抽象的设计符号和文字等综合形式拟定出多个方案进行推敲、比较，选择最佳方案进行发展深化。

（2）三维图解：从平面认识空间，在立面和剖面中发展。在利用图解方式对立面和剖面进行设计分析时，可以结合尺寸和材料加以说明。

（3）透视图：通过透视图解可以直接地观察空间效果，帮助设计师对空间进行更加细致入微的观察。可以利用文字、符号、数字等进行补充说明。

3.图解方法的意义

运用图解方式对酒店的各空间形态、功能设施、技术手段、艺术表现等问题进行分析思考和逻辑推断，是帮助我们设计思考和方案推敲最有效的方法，总的说来，图解方法具有以下两个层面的意义：

（1）有利于交流。交流是指人与人之间的有效对话，设计师通过图示语言进行设计内容等问题的交流而得出具有一定优点的形式和内容。设计师需要与业主交流，向业主表达设计构思，听取其意见。需要与其他设计人员交流，从而激发思维，拓宽视野。在人与人的交流过程中，可以相互获取所需的信息，相互沟通、解决问题、达成共识。在设计过程中交流是设计活动的一个重要的内容。

（2）有利于设计分析。在设计的创意构思阶段，设计师需要对大量的信息进行分析处理和筛选，最有效的方式就是图解表达。通过绘制各种图形、表格、文字等对设计所需的各种功能形式、要求进行分析、处理，确定其关系。在这个过程中包含了理性思维和感性思维两个方面，在理性思维方面注重于设计的有序化组织，感性思维方面注重于设计的创意发挥。（图2-11，图2-12）

▲ 图2-11 充足的阳光穿过天花板，洒在门窗上，与室外的自然环境交相辉映。

▲ 图2-12 欧式建筑元素与中国传统元素结合，使整个建筑简单而传统。

2 三、酒店设计流程

对于每一个设计项目，设计师都应遵循恰当的设计步骤，酒店设计主要有以下几个步骤：

（一）概念规划阶段

1.概念设计与创新

在概念设计的初级阶段，设计师概念设计的主要来源是：有关家居、美食、时装、时尚店、精品店、艺术品杂志、书籍、文字及图片资料等等，尽量少看关于其他酒店的书籍，避免设计的重复。设计师根据现有的信息，进行方案性的草图设计，根据酒店策划定位的具体要求，整理所掌握的各种资料，对大量信息资源进行分析。结合设计理念和主题风格，利用创意草图、创意模型进行设计构思，明确酒店平面布局、流线规划、空间分区和功能区域分割等。不断地推敲、调整，和业主的要求达成一致，直到初步把酒店的风格、酒店的定位等内容确定下来。

2.此阶段设计师应提供的服务

（1）审查并了解业主的项目计划内容，与业主沟通，在设计上与业主达成一致。

（2）对任务内容进行时间计划和经费预算。

（3）定等级，定类型，并针对酒店项目提出象征性图例。

（4）对设计中有关施工的各种可行性方案通过与业主的共同讨论达成共识。

（二）方案设计阶段

方案设计阶段的设计服务有以下内容：设计师在业主认同的初步设计的基础上，进一步做方案设计。方案设计应以设计任务的相关要求为根据，以空间、造型、材料及色彩表现的手段，形成较为具体的内容，包括平面图、立面图、剖面图、各功能区的透视效果图，向业主传达设计意图，以获批准。其中有一定的细部表现设计，能明确地表现出技术上的可能性、经济上的合理性、审美形式上的完整性。在这个阶段设计师要与各种工程师进行协调，共同探讨各种手段的协调性和可行性，这一阶段的设计文件包括：(图2-13-1~2-13-6)

（1）平面布置图，常用的比例为1：100、1：200、1：500。

（2）天棚图布置图，常用的比例为1：100、1：200、1：500。

（3）部分立面图，常用的比例为1：50、1：100、1：200。

（4）部分立面图，常用的比例为1：50、1：20、1：10、1：5。

（5）部分效果图和概括的设计说明。

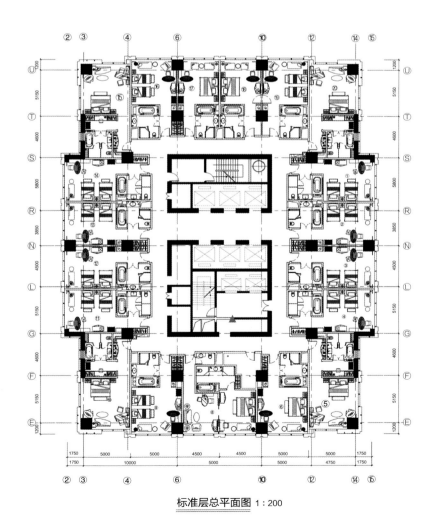

标准层总平面图 1:200

▲ 图2-13-1 总平面图

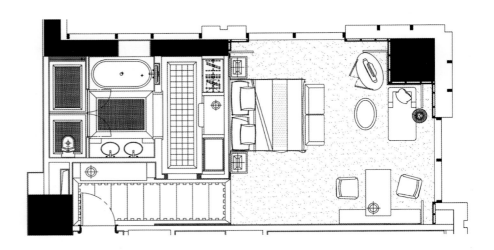

客房平面图 1：200

▶ 图2-13-2 客房平面图

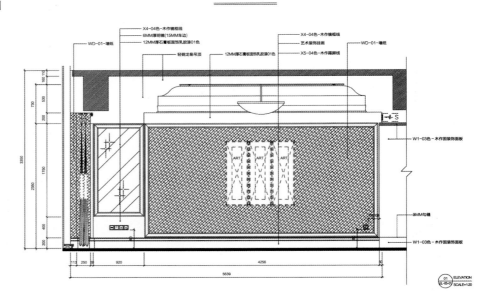

▶ 图2-13-3 立面图1

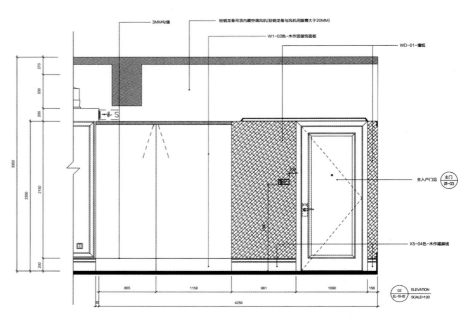

▶ 图2-13-4 立面图2

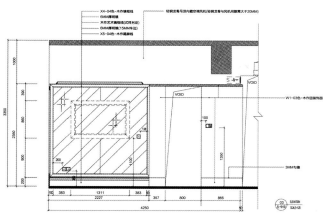

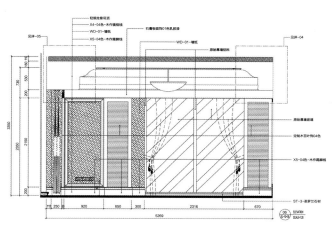

▲ 图2-13-5 立面图3　　　　　　　　　　　　　　　　　　　▲ 图2-13-6 立面图4

为了更好地展示酒店各空间的装饰效果，在进入制图的后期阶段就要进行效果图的绘制，酒店设计常用的效果图表现技法有以下几种：

1.电脑效果图表现

这是目前酒店设计中最为常用的一种表现方式。电脑效果图具有很强的真实感，能将材质、灯光和陈设设计等方面直观地表现出来，让人一目了然，很容易与业主沟通。效果图应按照设计的构思和方案实际地表现出来，不应与完工后的空间有较大的出入。常用的电脑设计软件有AutoCAD、Photoshop、3DMax、Maya等。(图2-14-1，图2-14-2)

2.马克笔效果图表现

马克笔绘制是一种非常快捷的表现方法。在当今非常的流行，由于其方便性和易于携带性，被广大的设计人员所喜爱，设计师可以用简洁、明快的色彩表现其设计理念，可以一边给客户解释一边画。马克笔效果图的画法是先将轮廓用针管笔勾勒出来，再用彩色铅笔和马克笔结合作色。常用的工具有马克笔（分为两种：一种为油性，另一种为水性，每种都有方、圆两种笔头）、彩色铅笔、针管笔。

3.钢笔效果图表现

钢笔表现技法是以钢笔、针管笔勾线为主，颜色为辅的一种效果图表现技法，钢笔效果图画法是一种很随意的表现技法。可以是设计师随手画的一些酒店各空间的造型，也可以是设计师在构思阶段的草图。常用的工具有钢笔、彩色铅笔。

4.黑白画表现技法

黑白画表现技法包括线条和色调两个基本要素，黑白表现技法在当代表现技法中是最基础的一种。常用的工具有：铅笔、钢笔、针管笔、签字笔。

▲ 图2-14-1 中餐包房

▲ 图2-14-2 标准双床房

（三）配套设计阶段

配套设计阶段不同于方案设计阶段之处是深度增加，对项目的配套工程，如给排水、弱电、空调、消防等，与相关专业部门或者专业工程师进行充分协调合作，服从酒店大局，制订最佳设计方案。

1.水、电、空调等配套设施设计

在此阶段，各种工程师应标明设备数量、地点、功能及用材选择，主要的暖通、电气及给排水系统，并以1：100比例平面图绘制。所有给排水、电气、暖通设备总量在本设计阶段应全部确定下来。设计师应注明外露暖通设备的装饰，并给出协调过的吊顶天花图。

2.陈设品设计

陈设品设计包括家具设计、灯具设计、纹样设计、艺术品设计、布草设计等等。在此阶段，设计师提出设计意见及方案。设计师选择家具样式、选择布料及饰面材料、制定室内色彩等等，再由专业厂家细化，以向业主传达用材理念，以获批准。(图2-15，图2-16)

在配套设计阶段完成后，同样将设计内容与业主进行探讨、磋商，取得业主认可后进入到施工图绘制阶段。

▲ 图2-15 四周用黑胡桃木和玻璃的结合做隔断，使整个空间通透明亮。

▲ 图2-16 私人露台的设计，融入了巴厘岛的传统建筑，运用铜和再生木材制成的条板，如拼图一般环绕于四周，舒适的露台上还配备了卧具，此时坐在这里吹吹海风，看看夕阳西下，是一件再惬意不过的事了。

（四）施工图绘制阶段

根据业主对任务书的最后认定，设计师开始画施工图。酒店施工图的内容包括装饰设计施工图、水电施工图、空调施工图等。施工图的内容在制作方法、构造说明、详细尺寸、材料选用等方面均有明确的示意。在这一阶段，设计师不但要完成全部施工图，还要写详细的说明，与业主协商准备施工文件等等。这一阶段要产生的文件有：

（1）施工详细说明

（2）施工图

（3）设计更改要求

（4）合同规定

最后，将以上设计合同编辑成册，称为项目手册。(图2-17，图2-18)

▲ 图2-17 装修奢华的空间，华丽的桌椅，精美的吊灯，墙面简单的几何图案，这些元素营造了舒适的就餐环境。

▲ 图2-18 深色调的运用使空间变得端庄典雅，天棚采用简单的造型，使空间变得更加的整洁。

2 四、酒店流线设计

（一）流线概念

　　流线，是指人、物、信息在空间中移动的路线，也就是动线。酒店流线是酒店运转的动脉，它连接着酒店各个空间和空间内的各个组成部分，影响着酒店整体空间的形态。现代酒店是一个多功能的建筑，是集住宿、餐饮、会议、宴会、娱乐等为一体的多功能综合体。在酒店中，各种功能对应着不同的使用客人，客人的运动轨迹就形成了不同的流线，流线不以物质实体的形式存在，但在视觉空间、运动空间又是客观存在的。这些流线既要分离、互不干扰，在一定范围内又要相互沟通，因而对各种流线（包括客人流线、货物流线、服务流线、交通流线）的细致分类、认真组织显得非常有必要，也是决定一个酒店建筑是否成功的重要因素之一。

（二）流线设计

　　酒店的流线连接着酒店的各个空间和空间的各个组成部分。按照实际构成情况，酒店流线在区域上可分为室内、室外两个区域。从系统上可分为服务流线系统、客人流线系统、设备流线系统。应通过科学的流线分析，弄清楚酒店内客人活动的规律，酒店内物品设备的运行规律，酒店内各因素相互平行、交叉的关系。酒店的客人的行为模式都有一定的规律，根据空间内部的使用程序，酒店内部环境有着不同的布局。酒店设计的原则是客人流线直接明了，服务流线快捷，设备流线科学安全。流线之间互不交叉，流线的顺畅保证了酒店各功能协调有效地运转。(图2-19，图2-20)

▲ 图2-19 浅色调的运用使客房的气氛变得轻松活跃，自然光的借用使空间变得更加的明亮宽敞。

▲ 图2-20 淡黄的墙面配上玫瑰花的装饰，让SPA空间舒适中带点甜蜜。

1.客人流线设计

大中型酒店的客人流线分酒店住宿客人、会议宴会客人、外来宾客，为了避免大量的客人来回的穿梭引起流线的不畅，需将住宿客人和其他客人的流线分开，这就需要在进行酒店的大堂设计时解决好流线的问题。酒店的大堂在通往电梯、餐厅、宴会厅、休闲娱乐等空间的路线应明确，标识要十分清楚，一目了然，使客人能很方便地找到通道，利于迅速地分散人流，使直接上楼住宿的客人和到公共空间的客人减少在大堂来回穿越。住宿客人的出入口包括步行出入口和无障碍出入口，从前台入口通往电梯通道的入口要宽敞，应设专门的行李出入口，为了适应团队客人的需要，有的酒店还设有专为大客车停靠的出入口和团队客人的休息厅。承担宴会、会议的多功能酒店，需单独设立出入口和门厅。（图2-21~图2-23）

2.服务流线设计

现代酒店要求客人流线和服务流线互不交叉，分开设计。管理人员和服务人员的进出口和电梯，尽可能地隐蔽，与客用电梯分设，避免相互干扰。

3.物品流线设计

为了保证后勤供应及安全卫生，大、中型酒店都要设置物品流线，既有水平流线，又有垂直流线。物品流线包括与总体布局有关的货物、设备、布草和回收垃圾运出流线，要设货运电梯、卸货台，不能与客人流线相互交叉。物品流线应使各类用品和食品顺利地运入酒店，同时，大量的垃圾和废弃物品通过物品流线顺利地运出酒店。

4.信息流线设计

人类已经进入数字化信息时代，信息交流量急剧增加。酒店信息流线主要以计算机管理系统为中心，通过综合布线系统，建立信息流线，安装智能化设施，打造智能型的住宿、会议、娱乐环境，提高酒店的服务档次和整体规模。

▲ 图2-21 漂亮的弧形设计，阳光透过玻璃，形成一个浪漫的就餐环境。

▲ 图2-22 每个房间围绕成一个小院，充足的阳光洒在池水中，形成一幅美丽的光影画。

▲ 图2-23 靡丽的水晶灯，金色的浮雕。

五、单元教学导引

目标

通过对酒店设计方法的学习，让学生掌握酒店设计的方法和程序，了解酒店在不同阶段的设计内容和设计深度，学会多种设计表现方法，并且能够灵活运用。

要求

本单元通过多媒体教学，图文并茂，有针对性地介绍酒店设计案例。通过案例的介绍增加学生对酒店设计方法和设计程序的认识和了解。在教学中，可以引导学生对设计程序的理解，强调对学生的动手能力的培养。

重点

学生应该了解酒店设计的前期准备、方案设计、配套设计和施工图四个阶段的设计内容和深度，培养学生对设计对象的分析能力，并能熟练地运用图解进行前期的分析。

注意事项提示

本单元着重培养学生的动手能力，要求学生在对设计项目的分析中，在设计过程中，可以表达自己的设计意图。

小结要点

本单元分为四个部分：第一部分讲述了酒店设计的前期准备与构思；第二部分讲述了酒店设计的立意与表达；第三部分讲述了酒店设计流程；第四部分讲述了酒店流线设计。通过这四个部分的讲述与介绍，为下一个单元的教学设计做好准备。

为学生提供的思考题：

1.酒店设计的前期准备有哪些？
2.酒店设计流程分哪些阶段？
3.简述分析图解和图形图解的异同。

为学生课余时间准备的练习题：

1.总结本书没有提到的酒店设计的风格和流派。
2.讨论行为心理学在酒店设计中的应用。
3.分析经济型酒店的发展趋势，在设计经济型酒店中应注意的问题。

为学生提供的本单元的参考书目及网站：

郝大鹏编著. 室内设计方法[M]. 重庆：西南师范大学出版社

来增祥，陆震纬编著. 室内设计原理[M]. 北京：中国建筑工业出版社
张能，崔香莲，周鹏主编. 室内设计基础[M]. 北京：北京理工大学出版社
中国设计之窗，http://www.333cn.com/
中国室内设计联盟，http://www.cool-de.com/

本单元作业命题：

酒店客房标准间方案分析。

作业命题原因：

这一单元的教学方式主要采用教师课堂讲授，学生分组讨论，完成作业的形式。

命题作业的具体要求：

1.方案分析要求有自己的看法和见解，不能抄袭。
2.教师组织学生讨论,要求学生独立完成作业。
3.方案分析要求画出草图，以马克笔练习为主，以备任课教师打分，记入单元成绩。

第 **3** 教学单元

酒 店 氛 围 营 造

随着社会经济的发展，人们对酒店的需求由简单的功能需要逐渐发展到高层次的文化享受和心理上的满足。于是，酒店的氛围和品味就显得十分重要。

3 一、色彩的运用

人类生活在一个充满色彩的世界里，当人进入某个空间，首先感觉到的就是色彩，其次才意识到色彩下的各种形状。色彩具有唤起人的第一视觉的作用，具有强烈打动人的视觉的力量。美国心理学家阿思海姆写道："说到表情作用，色彩却又胜过形状一筹，那落日的余晖以及地中海的碧蓝色彩所传达的感情，恐怕是任何确定的形状也望尘莫及。"营造宜人的空间氛围，色彩的定位有着重要的作用，它对人的思维、情绪、行为举止有着强烈的调节和控制作用，色彩有力地影响着空间使用者对环境的看法。人们对色彩的关注度往往超过了形体，在酒店设计中，合理的色彩运用会给人们带来美的享受，能改变室内环境效果和气氛，更好地体现室内功能。(图3-1，图3-2)

（一）色彩的基本原理

色彩具有明度、色相和纯度三个方面的性质，又称为色彩的三要素。这三个要素虽有相对独立的特点，但又相互关联、相互制约。

1.明度

明度指色彩的明暗程度，也可称色的亮度、深浅，是人眼感觉到的色彩明暗差别。明度的变化可体现色彩的层次，丰富视觉空间。明

▲ 图3-1 红色的墙面与咖啡色的沙发相配，空间显得和谐。

▲ 图3-2 摆放错落有致、色彩艳丽的甜点展盒与展盒内的甜点让人为之心动。

度是全部色彩都具有的属性，任何色彩都可以还原为明度关系来思考（如素描、版画等），明度关系可以说是搭配色彩的基础。例如，在酒店设计中，大堂的天棚、客房的天棚、办公区域的墙面与天棚等，多采用明度较高的色彩，使空间显得明亮、开阔。

2.色相

指色彩的相貌，是色彩之间相互区分的特性。色彩学家把红、橙、黄、绿、蓝、紫等色相以环状形式排列。如果再加上光谱中没有的红紫色，就可以形成一个封闭的环状循环，从而构成色相环（亦称色轮）。色相和色彩的明暗没有关系，只是纯粹表示色彩相貌的差异。人受到色彩的刺激会有心理反应和生理反应。例如，红、黄、橙等暖色系的色彩给人带来活跃、温暖的感觉；蓝、绿、紫等冷色系的色彩给人带来后退、收缩、宁静的感觉。酒店设计中可灵活地运用色彩的此特征，使其在设计中充满活力。(图3-3，图3-4)

▲ 图3-3 半开敞式的茶座以一块巨大的树根切割平面为主题装饰，立柱上凹凸有致的纹理共同为这个现代的空间注入大自然的原生态元素，跳跃的柠檬黄靠垫让人眼前一亮，心情也随之轻快起来。

▲ 图3-4 宽阔的墙面上，以点的聚集方式构成一幅画面，以古朴的石器与原始树根雕装饰，原始造型与现代感十足的镜面式地面相对应，形成鲜明对比。

不同色相对人的心理影响

颜色	人的心理反应
红色	热烈、喜悦、兴奋、活泼、热情，使人联想到太阳、火炬、红花
橙色	活泼、温和、浪漫，使人觉得饱满、富有很强的食欲感
黄色	健康、明亮、愉快，给人轻快、透明的印象
绿色	新鲜、安静，象征着春天、成长、生命和希望
蓝色	沉静、清凉、冷静、深远、孤独，是色彩中最冷的颜色
紫色	神秘、高贵，代表着高贵、庄重、奢华
黑色	黑暗、阴森，黑色在心理上容易使人联想到黑暗、悲哀
白色	纯洁、清爽
灰色	沉着、平凡

3.纯度

指色彩的纯净程度，也可以说就是色彩的鲜艳度，也有浓度、彩度、饱和度等说法。色彩的纯度划分方法如下：选一个纯度较高的色相，如大红，再找一个明度与之相等的中性灰色，然后将大红与灰色直接混合，混合出从大红到灰色的纯度依次递减的纯度序列。得出高纯度色、中纯度色、低纯度色。色彩中，红、橙、黄、绿、蓝、紫等基本色相的纯度最高。

（二）酒店设计中的色彩运用

色彩是营造环境气氛最生动、最活跃的因素，是能造成特殊心理效应的有效的装饰手段，酒店空间的色彩配置要注意以下两个问题。

1.色调的统一与对比

在酒店环境装饰的色彩运用上，要注重空间整体的色调统一，根据酒店的风格和各空间的使用功能确定色彩的装饰风格和使用功能。色调的统一、色彩的面积控制是非常重要的方面。色调的搭配主要有同类色配置、邻近色配置和对比色配置三种方式。(图3-5，图3-6)

2.色彩的搭配符合空间功能

酒店中空间酒店涵盖了很多功能,有大堂、宴会厅、餐厅、客房、休闲娱乐厅等，各个空间因功能的不同，对色彩的选择和搭配有所不同。我们在进行空间色彩设计时，应认真分析每一个空间的使用性质和功能要求，围绕空间的功能展开色彩设计，利用色彩对人的心理和生理的影响创造出符合要求的空间环境。例如，在酒店客房色彩的选择上，大都选择深棕色、浅棕色、米色等颜色，让人在环境中感到安静、温馨，起到促进睡眠的作用。在酒店餐厅的色彩选择上，可以选择米色、黄色等暖色调，使用餐环境温暖、亲切，起到增加人的食欲的作用。

▲ 图3-5 冷艳的深蓝色椅子使原本色彩鲜艳的空间变得安静，添加了一份高贵的气质，天花进行了高度变化，丰富了空间层次。

▲ 图3-6 深色墙砖与浅色墙砖的搭配，使原本宽敞明亮的空间显得有层次，浴缸边的玻璃墙活跃了浴室气氛。

3 二、照明设计

（一）光学基础知识

人们的生活离不开光，据统计，人们90%的外来信息都是依靠眼睛接受外界光线获得的。现代光学理论认为：光是一种以电磁波形式存在的辐射能。实践证明,光的物理性质取决于光波的振幅和波长两个因素。振幅即光亮，其差别产生明、暗，波长的长短造成色相的差别。光与色是不可分的，人们以为色彩是物体固有的，实际情况并非如此。色彩是由光的照射而显现的，有了光，我们才看得到物体的色彩。没有光就没有颜色，如果在没有光线的暗房里，则什么色彩也无法辨别清楚。

光的基本概念包括以下几个方面：

（1）光通量：光源每秒所发出的光亮之和称为光通量。光通量的单位为流明（lm）。

（2）照度：被照面单位面积上接收的光通量称为照度，单位是lx,照度用来表示被照面上接收光的强弱。照度的大小会影响人眼对物体的辨别。

（3）发光强度：光源所发出的光通量在空间的分布密度称为发光强度，也称光强，单位是坎德拉（cd）。

（4）亮度：指定方向发光面的发光强度与指定方向发光面的面积之比称为亮度，单位是坎德拉每平方米，它表示的是发光面的明亮程度。

（二）自然采光

酒店室内的照明设计应尽量采用自然采光。有效地利用自然光，不但可以节省运营成本，而且可使客人在心理上产生真切感和安全感。合适的照度对酒店空间环境的影响极大。当照度增加时，室内空间会显得较为宽敞明亮，但会减少私密感；当照度减少时，室内空间会显得温馨、私密，但也会产生压抑感。在酒店设计中，自然采光一般用以下几种形式。（图3-7，图3-8）

▲ 图3-7 古典欧式的大窗，使整个空间变得更加宽敞、明亮。

▲ 图3-8 玻璃墙的运用，使空间变得宽敞、明亮，利用自然光起了节约能源的作用。

1.窗采光

窗采光是指通过酒店的外墙的窗户进行采光，是酒店设计中最常见的一种采光形式。

2.墙采光

墙采光多指通过落地玻璃、玻璃幕墙等透明墙体进行采光的形式，这种采光不仅能大面积地引入自然光线，并且能将室外的自然景观融入酒店内。

3.顶棚采光

顶棚采光是指在酒店顶部或中庭，通过玻璃或者透明装置进行采光。采用这种形式的采光，可以在营造酒店良好的室内氛围的同时，使光线得到最大的利用。(图3-9~图3-11)

（三）人工照明

人工照明在酒店内部占据重要的地位，不同形式的人工照明可

▲ 图3-9 玻璃的运用使充满运动气息的空间变得更加的舒适明亮。

▲ 图3-10 餐厅区域以原木色为主，原始的天然材料在这个区域被大量使用，与通透式玻璃落地窗外的自然景观相呼应，让顾客在大自然的怀抱里享受美食。

▲ 图3-11 墙面装饰物用树根切割平面雕刻而成，石材本身的厚度和纹路，造就了它的立体感和真实感，像是自然形成一样，绿色植物倒影其中，形成一幅新画面。

以直接有效地控制内部环境，使客人能在一个柔和、愉悦的气氛中进餐、交谈、休息。酒店为适应不同的场景的需要，需要设置调光功能。灯具的选择和布置取决于照明方式的设计。照明方式包括空间的均布照明、局部照明、装饰照明、安全照明等。均布照明使空间获得基本亮度，一般使用在大的公共空间，如宴会厅、会议室、公共走道等；局部照明使用在专用区域，如餐厅客人就餐位置，使局部得到亮度，并产生烘托气氛的作用。在酒店设计中，人工照明一般用以下几种形式：(图3-12~图3-15)

（1）直接照明：常用于酒店室内的一般照明。

（2）间接照明：这种照明方式一般和其他照明方式配合使用，以取得特殊的艺术效果。

（3）漫反射照明：这种照明方式光线柔和，适合于酒店客房。

（4）重点照明：指对酒店空间内的对象进行重点投光，目的是增强客人对目击对象的注意力和吸引力。

（5）装饰照明：为了酒店环境气氛的营造，增加空间的层次。

▲ 图3-12 简单大气的装饰，线条简单的家具，柔和的灯光。

▲ 图3-13 灯光聚焦在餐桌上，餐具银光闪闪，玻璃杯闪烁着夺目的光芒。

▲ 图3-14 精美的镂空雕花隔断，给空间增添了一份典雅的气息，艳丽的桌椅使空间变得高贵华丽。

（四）酒店照明设计应注意的问题

照明设计是酒店室内场景氛围营造的重要内容。照明正是造就舒适气氛的重要因素之一，为了充分展示内部空间的魅力，需要选择理想的光源、合适的照度标准，以及合理地进行灯具的选择和布置。由于酒店的功能区域较多，对照明的需求亦不同，所以在照明设计中应该注意以下几个问题：(图3-16~图3-19)

（1）保证基本的照度。

（2）满足功能需要，兼顾美观。

（3）保证一定的照明质量，避免眩光。

（4）充分利用自然采光，选择合理的照明方式。

（5）照明布局合理。

（6）艺术气氛的渲染。

（7）紧跟发展趋势并不断创新。

▲ 图3-15 富丽华贵的白色雕花大门与晶莹剔透的大吊灯，让原本暗淡封闭的空间变得明亮华丽。

▲ 图3-16 吊灯的使用给略显空旷的空间增添了层次，使空间的变化更加丰富。

▲ 图3-18 深色调的运用使套房变得端庄典雅，暖色的灯光使空间变得舒适。

▲ 图3-17 高贵的大圆桌、华丽的沙发、古朴的吊灯使空间变得富丽堂皇。

▲ 图3-19 客房的色调以暖褐色为主调。

3 三、陈设设计

酒店陈设设计主要是对家具、陈设艺术品、照明灯具、装饰织物、布草、绿化等方面的设计。陈设设计是酒店环境设计中一个重要的内容,其目的是表达一定的思想内涵和精神文化。同时,也是美化环境,增添室内情趣,渲染环境气氛,陶冶人的情操的一种手段。

(一)室内陈设分类

室内陈设一般分为功能性陈设和装饰性陈设。

功能性陈设指具有一定实用价值并兼有观赏性的陈设。如家具、灯具、织物、器皿等。

装饰性陈设指以装饰观赏为主的陈设。如雕塑、字画、纪念品、工艺品、植物等。(图3-20,图3-21)

1.装饰艺术品

装饰艺术品的种类繁多,我们在选择装饰艺术品时,应根据酒店的整体风格和室内空间的功能来确定。各种不同形式和内容的工艺品放置于酒店空间中,使环境气氛的营造更为亲切,给整个酒店环境增添了艺术情趣及文化气息。例如,中式风格酒店装饰品的选择,可以在酒店大堂选择具有中国特色的工艺品,如瓷器、陶器、木雕、字画等。

2.家具

随着时代的进步,家具在具有实用功能的前提下,其艺术性越来越被人们所重视。家具是酒店环境的一个重要的组成部分,家具有其不可替代的实用价值,家具的选用与布置,对整个空间的分隔,对人的心理、生理有着相当大的影响。它以自己独特的语言,扮演着烘托环境气氛、增加室内艺术效果的作用。(图3-22,图3-23)

3.灯具

光源、灯罩和附属物共同组成了灯具。灯具在酒店环境装饰中起着调节室内光照的作用。环境中灯具的选择及安装的位置确定了光源在空间内的分布,直接影响了室内的照明效果。灯具的种类很多,按功能用途可分为照明灯具和装饰型灯具;按固定方式可分为吊灯、壁灯、吸顶灯;按照明形式可分为直接型灯具、间接型灯具、半直接型灯具、半间接型灯具等。灯具在环境中有着相当重要的装饰作用,我们在选用时应当遵循灯具的造型、色

▲ 图3-20 饰品的摆设增添了空间的高贵品质。

▲ 图3-21 雕塑装饰品,显得朴素、大方。

▲ 图3-22 各种各样的细密花纹很少重复，每一个空雕的 ▲ 图3-23 白色使空间更加宽敞明亮，饰品显得欧式味十足。
小格子都是一幅美丽的画。

▲ 图3-24 暖色调的吊灯、酒柜的装饰灯带与墙体上的装饰 ▲ 图3-25 灰色的吊灯为空间增色不少。
灯光和谐统一，使空间更加的温馨舒适。

彩、质感与环境、空间相协调一致的原则。下面介绍4种酒店设计中常用的灯具：(图3-24，图3-25)

（1）吊灯：为了加强酒店的装饰效果，吊灯在酒店设计中运用十分广泛。一般运用在酒店大堂、餐厅、会议室等。

（2）筒灯：筒灯口径较小，多安装在天花板内，一般用来使酒店空间等到均匀的照度。筒灯的安装较为复杂，在进行设计时，要考虑好其照度、眩光等因素，再进行安装。

（3）吸顶灯：吸顶灯多安装在紧靠天花板的位置，具有一定装饰天花的效果。

（4）壁灯：壁灯是安装在墙上的灯具，多用于强调墙壁所属的空间，起到装饰和烘托气氛的作用。

4.纹样

目前织物已渗透到酒店室内环境设计的各个方面，在现代酒店环境设计中，织物使用的多少，已成为衡量室内环境装饰水平的重要标志之一。地毯，是在酒店运用得较多的纹样，应用范围很广，如大堂、餐厅、宴会厅、会议室、客房、走廊等区域。地毯一般有三种铺设方式：满铺、中间铺设和局部铺设。

5.酒店布草

"布草"是酒店业的专用名词，是指酒店内所有的棉织品，它包含了床单、被套、枕套、靠垫、浴衣、浴巾、毛巾、地巾以及台布、桌旗、餐垫和窗帘。酒店布草分类：客房布草、餐饮布草、卫浴布草、窗帘。

（二）室内陈设艺术在现代酒店设计中的作用（图3-26，图3-27）

1.烘托室内气氛、创造环境意境

室内气氛即空间内部环境给人的总体印象。如热烈欢快的喜庆气氛，随和的轻松气氛，凝重的庄严气氛，高雅的文化艺术气氛等。而

▲ 图3-26 酒店的陈设、饰品显得高贵而典雅。

▲ 图3-27 装饰品晶莹剔透，显得精致而高贵。

意境则是内部环境所要集中体现的某种思想和主题。与气氛相比较，意境不仅被人感受，还能引人联想、给人启迪，是一种精神世界的享受。（图3-28，图3-29）

2.创造二次空间，丰富空间层次

由墙、地面、天花围合的空间称之为一次空间，由于它们的特性，一般情况下很难改变其形状，

而利用室内陈设物分隔空间是在设计中首选的好方法。我们把这种在一次空间划分出的可变空间称为二次空间。在室内设计中利用家具、绿化、地毯、水体等陈设创造出的二次空间不仅使空间的使用功能更趋合理，还能使室内空间更富层次感。例如，在酒店的大堂，一般铺设地毯或木地板，用沙发分隔出可供客人休息、会客的小空间。

▲ 图3-28　造型独特的台灯，在深色木桌的衬托下，空间具有独特而端庄的韵味。

▲ 图3-29　复杂的设计工艺，让人在简单中去慢慢品味设计的魅力。

3.强化室内环境风格

酒店空间有着不同的风格，有古典主义风格、自然风格、现代主义风格、装饰主义风格、后现代主义风格等等。陈设品的合理选择对室内环境风格起着强化的作用。

因为陈设品本身的造型、色彩、图案、质感均具有一定的风格特征，所以，它对室内环境的风格会进一步加强。

4.调节室内环境色彩

酒店环境色彩对客人的心理和生理均有很大的影响。装饰品、家具、灯具、植物、纹样等可以使酒店空间充满生机和活力，同时也能起到柔化空间、缓和室内空间的生硬感，为空间添加色彩，增添空间情趣的作用。(图3-30~图3-33)

▲ 图3-30　暗红与金色的搭配，使客房显得华丽而大方。

▲ 图3-31　对称式布局，吧台与地毯图案相呼应，墙面镜子有拉伸空间的效果。

▲ 图3-32 交错式的石板路和植物使酒店空间与自然环境有机地融合在一起。

▲ 图3-33 暖色的竖条高背沙发和地毯的花纹相映，使整个休闲空间氛围显得活泼和温馨。

3 四、饰面材料

饰面是指涂料、挂墙板、层压板或构造性、建筑性、活动家具项目的制作工艺。室内饰面包括，应用于表面的涂料或材料，构造项目的做工，材料的表面处理，建筑细节，为实现其设计意图而进行的安装和饰面应用。

（一）地面（图3-34~图3-36）

地面是室内空间的基础面，承担着人们的室内活动，承担着家具、陈设的摆放。所以，地面必须要坚固耐用。地面装饰应在考虑诸多环境因素的前提下，正确地选择地面材料以及它的质感和色彩。地面装饰功能及要求如下：

（1）使用的舒适性：行走舒适感、热舒适感、声舒适感。

（2）耐久性：强度经得起直接撞击、磨损。

▲ 图3-34 印花地毯的使用给酒店客房增添了些许浪漫。

▲ 图3-35 蓝色地毯的运用使宽敞明亮的客房显得安静祥和。

▲ 图3-36 木地板在酒店客房中的运用。

（3）安全性：防滑、阻燃、防潮、防腐等。

地饰面材料主要有天然石材、地毯、地砖、预制水磨石、陶瓷锦砖、木质板材、塑料、橡胶等等。

（1）天然石材：包括大理石、花岗石。花岗石坚硬耐磨，使用年限较长，大理石的耐磨性不如花岗石，但是花纹较好看。所有石材需根据底色、脉纹的排列、斑纹的匹配度选择，并且以均衡的明暗度有序地排列。

（2）地毯：地毯是酒店中使用最多的地面材料，分为羊毛地毯、尼龙地毯、化纤地毯、块状地毯。其特点是：整体性强，色彩美观并富有弹性，具有吸音、隔音、保温等功能。

（3）地砖：地砖种类很多，有釉面砖、无釉砖、玻化砖、人造石等。

（4）木质板材：有实木地板、复合实木地板、复合地板。

（二）天花（图3-37~图3-39）

天花又称顶棚、天棚或吊顶，在室内是占有人们较大视域的一个空间界面，天花与地面是室内空间中相互呼应的两个面。从施工的程序上来说，天花是室内装修工程中的第一项工作，从空间效果上来说，天花的设置最能反映空间的形状及相互的关系。天棚的高度决定了一个空间的尺度，直接影响了人们对室内空间的视觉感受，尺度的不同，空间的视觉和心理效果截然不同。由于顶棚与人几乎不会有接触，在造型上可以自由发挥而不受任何形式的限制，其装饰处理对于整个室内装饰有相当大的影响，同时，对于改善室内物理环境（光照、隔热、防火、音响效果等）也有显著的作用。天棚的主要覆面材料有：石膏板、胶合板、金属板、木材、玻璃、塑料、织物等。

酒店各功能空间对地面材料的要求（国际品牌酒店为例）

位置	地饰面材料
下客区	石材或混凝土，砖地面道路（必须为防滑材料）
酒店大堂	天然石材或其他坚硬表面的材料
接待台和礼宾部	天然石材或其他坚硬表面的材料
大堂酒廊	石材、地毯或木材
前庭区域	墙到墙铺设地毯，当地毯遇到其他硬质材料时，需要安装一个铜条或者是钢条分隔两种材料
餐厅	墙到墙铺设地毯，当地毯遇到其他硬质材料时，需要安装一个铜条或者是钢条分隔两种材料
宴会厅	墙到墙铺设地毯，当地毯遇到其他硬质材料时，需要安装一个铜条或者是钢条分隔两种材料
厨房	缸砖
商务中心	墙到墙铺设地毯，当地毯遇到其他硬质材料时，需要安装一个铜条或者是钢条分隔两种材料
会议室	墙到墙铺设地毯，当地毯遇到其他硬质材料时，需要安装一个铜条或者是钢条分隔两种材料
公共盥洗室	石材或瓷砖（防滑）
客房	墙到墙铺设地毯，当地毯遇到其他硬质材料时，需要安装一个铜条或者是钢条分隔两种材料
客房盥洗室	石材或瓷砖（防滑）
健身中心	地毯或木地板
客梯厅	坚硬的表面材料

酒店各功能空间对天花材料的要求（国际品牌酒店为例）

位置	天花饰面材料
下客区	其设计必须和大堂的室内设计及装饰墙面相关联
酒店大堂	石膏板或是木材
接待台和礼宾部	石膏板或是木材
大堂酒廊	石膏板或是木材
前庭区域	石膏板或是木材
餐厅、宴会厅	石膏板或是木材
多功能厅	石膏板或是木材，应考虑天花的声学功能
会议室	石膏板或是木材，应考虑天花的声学功能
客房	涂料饰面的石膏板
客房盥洗室	防潮涂料饰面的石膏板
健身中心	石膏板或是木材，应考虑天花的声学功能
客梯厅、走廊	在混凝土上喷涂轻质的隔音饰面，石膏板或是木材

天棚： 按不同的功能分为隔声天棚、吸音天棚、保温天棚、隔热天棚、防火天棚、防辐射天棚；按不同的形式分为平面式天棚、井字格式天棚、分层式天棚、玻璃天棚；按不同的施工工艺分为抹灰类天棚、裱糊类天棚、贴面类天棚、装配式天棚；按构造形式分为直接式天棚、悬吊式天棚。

▲ 图3-37 简洁的直接式天棚让客房的空间显得宽敞、明亮。

▲ 图3-38 天棚上的射灯和高低错落的展柜使酒店精品展示空间更加丰富多彩。

▲ 图3-39 装饰天棚给酒店的会客空间增色不少。

▲ 图3-40 深色的墙面使用餐环境显得简单而庄重，摆放有序的甜点和几盆散发淡淡清香的花卉为庄重的空间增添了些许浪漫。

（三）墙面

墙是建筑空间中的基本元素，是室内空间中最大的界面，是建筑空间围合的垂直组成部分，有建筑构造的承重作用和建筑空间的围合作用。它的作用是划分出完全不同的空间区域，把空间各界面有机地结合在一起，起到渲染、烘托空间气氛，增添文化气氛、艺术气息及改善室内物理环境的作用。墙面的饰面材料主要有：墙纸、墙布、木质板材、石材、瓷砖、涂料、金属板、镜面玻璃、塑料等。材料的选择上应坚持环保、安全、牢固、耐用、阻燃、易清洁的原则，同时应有较高的隔音、吸声、防潮、保暖、隔热等功能。

墙面装饰功能与要求：（图3-40~图3-44）

▲ 图3-41 浅黄色的墙面和墙上的壁炉使空间有了欧式古典的风格。

▲ 图3-42 金色的墙面与暖色的灯光使浴室空间显得温馨。

▲ 图3-43 浅灰色的墙面和墙上的装饰品为空间增色不少。

▲ 图3-44 墙上的装饰画使休闲空间显得更具文化气息。

（1）保护功能：通过装饰材料对墙体表面加以保护，延长墙体及整个建筑物的使用寿命。

（2）装饰功能：天棚、地面、墙面协调一致，建立一种既独立又统一的界面关系，同时创造出各种不同的艺术风格，营造出各种不同的氛围、环境。

（3）使用功能：墙面的装饰必须满足基本的使用功能，如易清洁、防潮、防水等。通过装饰材料来调节和改善室内的热环境、声环境、光环境，创造出满足人们生理和心理需要的酒店空间环境。(图3-45，图3-46)

酒店各功能空间对墙面材料的要求（国际品牌酒店为例）

位置	墙饰面材料
下客区	下客区和大堂之间的墙面主要为玻璃
酒店大堂	由室内设计师决定
接待台和礼宾部	由室内设计师决定
大堂酒廊	由室内设计师决定
前庭区域	乙烯基墙纸
餐厅	由室内设计师决定
宴会厅	采用建筑装饰以增加美观
商务中心	采用建筑装饰以增加美观
会议室	采用建筑装饰以增加美观
公共盥洗室	石材或者瓷砖，门廊处可以使用乙烯基墙纸
客房	乙烯基墙纸
客房盥洗室	石材或者瓷砖
健身中心	乙烯基墙纸，跳操房采用镜面墙

▲ 图3-45 重叠的灯光效果使人感觉空间更加丰富，淡黄色的墙面配上暖色光使人感觉温馨。

▲ 图3-46 深红色的墙面使欧式装饰雕塑显得更加醒目。

五、单元教学导引

目标

通过对酒店设计要素的学习，让学生对酒店色彩设计的基本知识和设计方法、酒店空间的光环境和照明方式、酒店陈设设计的方式、酒店的饰面材料有一定的了解和认识。

要求

本单元通过多媒体教学，图文并茂。通过案例的介绍增加学生对酒店色彩设计、灯光、家具、陈设、布草等基本知识的了解。在教学中，可以引导学生对与酒店氛围设计有关的设计要素展开讨论，增强学生对这些设计要素的理解和认识。

重点

学生应该了解酒店设计的各要素，并能在设计中有效地把握酒店氛围营造的方式方法。

注意事项提示

在本单元的教学中采用的理论授课及图片赏析，由于篇幅的原因，很多知识还需要任课教师在课堂上补充和学生在课外自行学习。

小结要点

本单元分为四个部分：第一部分色彩的运用，主要从色彩的基本知识、设计方法等方面介绍了色彩在酒店设计中的应用；第二部分照明设计，主要介绍了照明方式、灯光对酒店的装饰作用；第三部分陈设设计，主要介绍了陈设的类型及在酒店装饰中起到的作用；第四部分饰面材料，主要介绍了材料在酒店中的应用。通过这四个部分的讲述与介绍，为下一个单元的教学设计做好准备。

为学生提供的思考题：

1.酒店设计应如何运用色彩？
2.酒店设计中的灯具应该怎样选择？
3.酒店设计中陈设的作用有哪些？
4.酒店设计中所用的饰面材料有哪些？
5.饰面材料的装饰性能有哪些方面？

为学生课余时间准备的练习题：

1.酒店设计中如何营造宜人的气氛？
2.举例说明酒店氛围的营造和家具、饰面材料的关系。

为学生提供的本单元的参考书目及网站：

沈渝德编著.室内环境与装饰[M].重庆：西南师范大学出版社
陈一才编著.装饰与艺术照明[M]. 北京：中国建筑工业出版社
孙峰，方新主编.室内陈设艺术[M].北京：北京理工大学出版社
中国建筑世界，http://www.jst-cn.com/
中国建材网，http://www.bmlink.com/

本单元作业命题：

1.酒店客房标准间天棚图、立面图方案设计。
2.材料调查报告一份。

作业命题原因：

这一单元的教学方式主要采用教师课堂讲授，结合市场调研、学生分组讨论，完成作业的形式。

命题作业的具体要求：

1.方案设计要有设计意识，不能抄袭。
2.教师组织学生讨论，要求学生独立完成作业。
3. 材料调查报告由电脑录入，A4纸打印，不能下载、抄袭。

第 **4** 教学单元

酒店功能空间设计

4 一、酒店大堂设计

（一）大堂概述

　　酒店大堂是宾客出入的必经之地，是酒店客人办理手续、享受服务、咨询的场所。同时，酒店大堂是通向酒店其他主要公共空间的中心，是整个酒店的枢纽，其装饰品位及豪华程度是酒店实力和地位的象征。大堂是酒店设计的重点，集家具、陈设、照明、材料等精华于一体。设计时可利用各种材质的配搭对比、色彩的对比、点线面的对比等，并以人的行为模式为依据进行合理的布置，形成一个风格统一、格调高雅的整体空间。大堂的装修风格应与酒店的定位及类型相吻合，其设计要给人以舒适感，并能反映设计的特点。其布局以及所营造出的氛围，将直接影响酒店的形象和功能的发挥。（图4-1，图4-2）

（二）大堂设计的基本要素

1.大堂空间界面

　　（1）大堂天花：天花的主要功能是对层面的遮盖，有暗藏管线，支撑照明灯具的作用。它的高度和形状直接影响了宾客对空间的视觉感受。一般而言，天花造型与平面布置相一致，注意发挥天花对空间的导向和界定作用。天花的造型应与大堂总体设计一致，与大堂主题背景一致。天花设计应考虑多种专业的配合，如空调、水、电、通风、消防等系统。

　　（2）大堂地面：地面主要考虑其使用功能。大堂地面设计要配合总的地面设计，中心地面图案要与大堂天花的吊顶造型相呼应。大堂的地面一般是无高差、无障碍设计，部分区域可酌情抬高或下沉，如大堂吧。

　　（3）大堂墙面：墙面是人们视觉的重点，是体现酒店设计效果的重要组成部分。在酒店墙面设计中，墙体一般通过改变色彩、质感和材料，在视觉上与天花和邻近的墙体区分开来。造型设计多样，在设计中应综合各方面情况，充分考虑。

▲ 图4-1 简约奢华的设计风格，大量黑色的应用，使整个空间端庄典雅。大堂正中的装饰造型，是整个空间的亮点。

▲ 图4-2 酒店大堂用了米黄色调来突出强调该酒店的独特气质，吊灯和装饰品是整个空间瞩目的焦点。

2.大堂材质

在大堂设计中对装饰材料的选择，应该在理性中带点人性化，在地面材料的选择上，木地板、地毯更适合休息区域，大理石、瓷砖等冷材料应用于宾客区域。在墙面的处理上，因空间功能的需要而选用不同的颜色。在天花的材料选用上，除使用常规的材料，如石膏板、铝扣板等，还应结合实际，使用一些新型的现代化高科技材料。

3.大堂照明

酒店的照明目的是创造合适的气氛和迷人的环境。酒店大堂应给客人一种舒适温馨感，大型的吊灯也自然形成大堂的视觉中心。暖色调的光源能产生灿烂辉煌的艺术效果，创造一个宾至如归的空间环境，使建筑本身既高雅又豪华。酒店大堂的照明要有层次感，还要具有引导作用。良好的照明设计能充分发挥照明的效果，

使酒店的装饰提升一个档次，从而更具有吸引力。（图4-3）

4.大堂色彩

大堂的色彩不能走两个极端：色彩太单一，会使人乏味，但色彩过于繁杂，又容易使人心浮气躁。最好的方法是将大堂统一在一个色调中，同时通过布艺靠垫、植物等进行调节，对艺术品的颜色重点处理，使其产生比较理想的效果。

（三）大堂功能设计

酒店大堂是客人出入酒店的必经之地，也是客人办理入住与离店手续的场所。它是整个酒店的枢纽，是通向客房及公共空间的中心。大堂设计为了便于对顾客服务的开展，在进行设计时，应考虑以下功能：大堂入口、行李接待处、前台、礼宾接待台、前台办公室、大堂副理台、公共厕所、休息处、礼品店等。

1.大堂入口

大堂入口地饰面材料采用瓷砖、天然石材等铺地材料。为了防止客人滑倒，要避免使用抛光材料。对于旋转门，在室外的一侧铺设行走垫，对于安装有自动门的门廊，在门与门之间的走道上铺设行走垫。空气阻隔室的设计应当让客人很方便地进入酒店，无需手动开启门，可以安装旋转十字门或自动滑门，空气阻隔室的大小和设计必须满足残障人士所要求的净高。出口需要安装910mm×2100mm的弹力门，便于行李员进出。大堂入口最低天花高度为3.05m。（图4-4，图4-5）

2.前台

前台由服务台、前台办公室、监控室、储藏室等组成。它是酒店的经营中心，也是来客的视觉中心。其功能是：客人出入酒店的结

▲ 图4-3 酒店大堂在白色大吊灯与天窗的配合下，显得更加宽敞、明亮。

▲ 图4-4 对称式构图显得规矩而大方，黑色和金色的搭配使空间显得稳重。

▲ 图4-5 金色的装饰使门厅显得富丽堂皇。

算登记、咨询、信息交换、货币兑换等。前台有接待客人、进行费用结算、礼宾接待、保安和员工值班台等。因此，前台的位置必须设置在能够让进入酒店的客人和走出一层电梯的客人所能看见的视线范围之内。前台形式可分为坐式或者站式。坐式前台的大小、位置与酒店的规模风格有关。坐式前台多为开敞式，便于前台人员随时为客人提供个性化服务；站式前台的服务台面一般分为两层，外层台面供客人使用，内层台面供酒店工作人员使用。前台采用重点照明，重点照明能很快地吸引客人的视线，起到导向作用，也便于服务台清楚地辨认登记所需的各种证件。因为总服务台内的工作台面低于服务台面，为了保证账务、账单处理，所以工作台面设置带灯罩的台灯。同样，大堂副理台面上设置带灯罩的台灯，既能保证大堂副理的正常工作，又不影响大堂照明气氛。客人休息区的照明照度适当低些，给人一种宁静感。

前台办公室应直接位于前台后面，供前台服务人员更衣、办公、交接手续等使用。内设消防、保安、监控系统。酒店安保要求很高，应建立智能化、人性化、可靠的安保系统。应使用现代化的数字技术，建立智能化、高科技的安保系统。

3.大堂吧

大堂吧是酒店在大堂为客人提供酒水和小食的雅座区。大堂吧也称大堂酒廊或咖啡厅，它完善了大堂的功能配置，使大堂空间层次更加丰富，是主要经营茶、咖啡、小吃、快餐等，供客人等候、小憩小酌、餐饮的休闲场所。大堂吧的空间一般为开放式或半开放式，用地面的高低落差形成子空间。城市酒店一般将大堂吧设在临街位置，使大堂吧具有很好的临街景观。

总服务台的尺寸标准

客房/间	服务台长度/m	服务台面积/m²
50	3	5
100	5	9
200	7	18
400	10	30

4.商务中心

商务中心的位置须靠近前台、客梯或接待台，便于提供最佳的服务，提高酒店员工的工作效率，提供票务、传真、复印、打字等服务，配有现代化的设施设备。

5.礼品店

礼品店以经营地方特产、艺术品、知名品牌的服装服饰，旅行用品等供客人选购。

6.公共卫生间

公共卫生间为酒店大堂和附近公共区域的客人使用，卫生间到各设施的行走距离不得超过40m，卫生间的位置不宜过于暴露，男女卫生间的门不宜直接面对公共区，而应该隐蔽在从大堂不能直视到的、距离大堂吧比较近的位置。

4

二、酒店过渡空间设计

（一）过渡空间设计概述

酒店过渡空间也就是我们通常所说的酒店交通空间，是整个酒店的通行脉络，起到联系、连接酒店各功能空间的作用。虽然是辅助空间，但具有引导人们进入各自所需的功能空间的重要作用。（图4-6）

（二）各功能空间设计

1.酒店入口门廊设计

入口是酒店内外空间的交界处，也是人流交汇、疏散最集中的区域，在通过空间中占有重要的地位，在设计中应当能够给人以个性感、地点感。入口可以在室外标牌处，以及车辆驶入的酒店入口门廊处凸显。路边的次要入口、户外场地应当设计具有良好维护的走道、停车设施和景观设施，并有很好的照明。酒店入口设计必须能够加强酒店的建筑风格，并为客人带来良好的第一印象和最后印象。设计时应注意：前庭门廊必须为客人带来无需开门的便捷出入，可以安装旋转十字门或自动滑门；避免台阶和路沿的阻碍，可在酒店入口大门附近设置一个固定的代客泊车接待台；在入口视野范围内，需设置出租等候区域；在酒店入口门廊处设置下客点，但必须在酒店入口以外

▲图4-6 暗藏灯带使过渡空间变得整洁明亮，图纹特异的地毯使空间多了一份变化。

▲ 图4-7 弧形楼梯增加室内流动感。

▲ 图4-8 华丽的地毯与其他界面融为一体，富有层次感，装饰画使酒店通过空间富有生机。

的地方另设巴士停车处，以避免拥堵。

2.电梯厅

电梯厅是客人分流的集散地，设计上应宽敞、明亮、简洁和便于交通。电梯厅的设计是大堂设计的延伸，而且需要和邻近区域的设计风格相同。电梯厅可为客人提供休息座椅，陈设一些艺术品，可设置一部内线电话接口。

3.走廊

走廊作为过渡空间，使整体空间得到充分、合理的利用。其布局充分利用现有空间资源，把有限的空间连接起来，形成无限的空间，便于人们的内外交通或上下交通。走廊楼梯的空间构成，主要是引导性的行走路线，起到人流导向和安全管理的作用。走廊的色彩要与整个酒店的风格相匹配。客房的走廊应为客人营造安静、安全的气氛。在门的上方最好设计一个开门灯，走廊的门可以凹入墙面，但凹入不要太深，凹入的地方可以使客人开门驻留时不影响其他客人行走。墙边踢脚板可以做得适当高一点，可以做到20cm左右，避免行李车推车时撞到墙面。走廊的照明以暗藏式为主，灯光柔和，避免眩光，但又要有足够的照

▲ 图4-9 酒店的通过空间里饰品琳琅满目。

明，照度应在75~150lx之间。如果层高较大，可以采用壁光或墙边反射照明。在主要楼层、楼梯、出入口、交通要道处应设置应急照明灯。（图4-7~图4-10）

4.安全通道

安全通道是辅助型交通空间，在发生地震、火灾等紧急突发事件时，起到使人群在最短时间内撤离酒店的作用。安全出口应该分散布置，疏散门要采用双向弹簧合页，可双向开闭，不应采用卷帘门、旋转门等影响疏散速度的门种。客房距离最近的安全出口不应超过30m，当楼梯只作为安全通道时，基本不用装饰。安全出口处不应设置门栏、屏风等影响疏散的遮挡物。安全通道内必须设置明显的疏散标志和符合规范的应急照明。

▲ 图4-10 蓝色灯光的运用使空间变得安静，也使空间带有了淡淡的海洋色彩。

三、酒店客房设计

（一）酒店客房概述

住宿是酒店的主要功能，也是酒店经营收益最主要的来源。客房面积一般占酒店建筑总面积的50%~60%，客房的设计和经营与酒店的经济效益有着非常密切的关系。酒店客房是酒店的基本设施和主体部分，是一个非常重要的功能空间。酒店客房的设计重在实用，是文化主题和技术要素的结晶，它的系统性、功能性、标准性、艺术性都很强。客房的设计是最能体现酒店为客人提供硬件服务的地方，例如，酒店的服务理念、客房档次、酒店当地的文化特色、家具及灯具的设计或选择、墙纸及地毯的选择、窗帘的选择、灯光的配置、洁具的选择等等。由于酒店集团化经营的发展和资本市场的介入，现

▲ 图4-11 客房的整体色调为棕色系，和地毯相互映衬，使整个客房氛围显得淡雅而温馨。

代酒店其中一个发展趋势就是越来越大型，客房数量越来越多。目前最大的酒店米高梅大酒店拥有5034间客房。

（二）客房类型

为了方便各种类型客人的不同需求，酒店一般设置标准间、套房。大型的酒店还设置有总统套房、豪华套房、无障碍客房等。因为酒店的星级不同，对客房的面积及内部的硬件设施也有着不同的要求，下面介绍的客房类型以国际品牌酒店为例。（图4-11~图4-14）

1.标准间

标准间，一般指双人独卫房间。标准间是酒店中最基本的房间，酒店的标准间宜达到客房总数的75％以上。标准间的配置一般有：

（1）酒店客房的最低净面积为36m²，度假型酒店的客房的最低净面积为38m²。卫生间的净面积最低为8m²，必须安装4件套卫生设备，而且，如果需要有阳台，必须再增加8m²的净面积。（图4-15）

（2）客房的睡眠区域，最小净长5.7m，净宽3.9m或者面积为22m²~24m²（不包括入口门廊、卫生间、衣柜）。

（3）入口门廊处的吊顶最低净高为2.4m，卧室区域的最低净高为2.6m。

（4）地面的材料一般用织物地面（包括地毯、铺毯、宽幅毯等）。

（5）房间内应该有中央空调、冰箱、沙发、衣柜、双线电话、房内保险柜、房内台灯、落地灯、保险柜、全身镜等。

（6）卫生间内需要配有面盆、马桶、浴缸/淋浴房、卫生间墙面电话、电吹风等。

2.套房

套房内的材料、家具、设施设备的质量，都必须超过标准间的标准。

（1）商务套房面积一般在50m²左右，卫生间不小于10m²。

（2）功能分配合理，两个自然

▲ 图4-12 床头凹凸的木纹，天花板细腻的肌理，米色与深浅棕色的搭配，为客房平添不少优雅气息。

▲ 图4-13 客房以深色布局，显得稳重大方。

▲ 图4-14 暖色的照明使客房空间变得更加的温馨。

▲ 图4-15 套房内的圆床，为温馨舒适的空间增添了一份浪漫。

▲ 图4-16 暖黄色和深红色的搭配使整个客房显得温馨。

▲ 图4-17 棕色调的酒店套房和绿色的天棚使人眼前一亮。

结构分隔空间，至少要有一个分隔间可以专门作为卧室，另一个分隔间作为休息娱乐区域，适合于商务办公或洽谈业务。

（3）标准天花高度的变化（藻井天花、桶形穹顶、镜面、木质天花、天窗等）。

（4）卫生间干湿分区。

3.豪华套房（图4-16~图4-19）

（1）有三个自然结构分隔间组成，一个分隔间专门作为卧室，另外两个空间作为休闲、吃饭、娱乐区域。

（2）套房内有会客厅、多功能厅、卧室、书房、衣帽间、主卫生间、次卫生间、厨房等。

4.总统套房

（1）总统套房在酒店内的房间数量不多，一般位于景观位置最佳、私密性较强的酒店顶层。整个套房面积在500m²左右，具有最高级别的设备和最精美的装修。

（2）总统套房由六个自然间组成，一个自然间作为主卧室，带有主卧室配套专用的卫生间和走入式衣柜。三个自然间作为起居室，可以作为休闲、娱乐、吃饭区域，临近的两个区域可以作为书房、工作间、次卧。并配有次卧卫生间。

（3）主卫生间的面积一般在30m²左右，豪华宽敞，设有桑拿房、多功能浴室等。

5.无障碍客房

客房要为视觉、听觉及其他伤残的客人提供全面的服务。设计时应注意：

（1）无障碍客房的设计和标准客房一致。

（2）无障碍客房必须尽可能地位于临近电梯厅的位置。

（3）无障碍客房的家具布置，必须能够在卧室区域提供直径为1530mm的回转空间，在床的一边要有910mm的净化空间。

（4）所有进户门、卫生间门的净宽最小为910mm，所有门上必须安装手柄。

（5）在进户门上，距离地面1.06m的位置，加装一个额外的猫眼。

（三）酒店客房平面类型

1.中廊式

也称内廊式，即客房走廊从客房楼层中部穿过，客房分设其两侧。这种形式的走廊利用率高，节省楼层空间，因此在酒店客房的平面规划中采用得较多。

2.侧廊式

也称外廊式，即走廊在客房的一侧，这种平面规划形式较适用于海滨及风景名胜区，目的是使客房具有理想的朝向和优美的户外景观。

3.中庭式

酒店主体建筑中央是内院或中庭，客房四周围合，回形走廊一侧为客人提供了赏心悦目的景观，提升了酒店的品位。

（四）酒店客房功能空间设计（以标准间为例）

酒店客房的设计重在实用，是文化主题和技术的结晶，客房的设计应延续酒店的设计风格，如材料的选择和色彩的搭配等，它的系统性、功能性、标准性和艺术性都很强，应遵循安全性、经济性、舒适性等设计原则，一切必须"以人为本"。酒店客房设计在突出其安全性、舒适性、私密性、便利性的前提下，要注意：根据酒店的整体定位，确定住宿空间特色化的设计方向和设计风格；结合酒店主体建筑结构情况，科学规划客房层在酒店的最佳位置，以及客房在酒店中的合理的面积比例；依据酒店的功能定位和市场需求，规划各类客房不同的功能设置和相关尺度关系；依据酒店客源情况和客人消费趋向，划定不同类别客房的适合楼层和数量，如标准房、套房、豪华套房、无障碍客房的位置和数量比例；综合考虑酒店投资规模及限定性因素，制定不同类别客房的硬件标准，决定其材料档次和施工工艺。

1.入口通道

一般情况下，客房入口通道部分设有衣柜、酒柜、穿衣镜等。在设计时要注意：

（1）地面最好使用耐水、耐脏的石材。如使用地毯则要选用耐用、防污的，尽可能地不要用浅色的。

（2）为了节省空间，衣柜一般采用推拉门，衣柜的门不要发出开启或滑动的噪音，轨道要用铝质或钢质的。

（3）保险箱如在衣柜里不宜设计得太高，以客人完全下蹲能使用为宜。

（4）穿衣镜最好不要设在门上，最好设计在卫生间门边的墙上。

2.房间内部设计

客房开间一般为3.9m~4.5m，少数有3.6m的；进深一般为7.2m~9.0m。客房高度，国外饭店一般净高为2.6m~2.8m，我国星级饭店"设施设备评定标准"要求净高不低于2.7m。设计时应注意：

▲ 图4-18 套房内圆形的桌子和样式别致的沙发，丰富了套房的空间内容。

▲ 图4-19 白色的大窗帘装饰与深色的木质结构房顶、家具搭配，使整个套房显得清爽而靓丽。

▲ 图4-20 玻璃窗、镜子、光洁的地砖使卫生间显得宽敞明亮。窗外的绿荫给空间增添了清新自然的气氛。

▲ 图4-21 浴室采用了红色与白色的搭配。

（1）床离卫生间的门不得小于2m。

（2）天花不宜做得太复杂，不要过高或过矮。

（3）客房的地毯要耐用、防污甚至防火，尽可能不要用浅色或纯色的。

（4）窗帘的轨道一定要选耐用的材料，帘布的皱折要适当，遮光布要选较厚的布料，而且要选用能水洗的材料，若只能干洗的话，运营成本会增加。

（5）电脑上网线路的布置要考虑周到，其插座的位置不要离写字台太远。

3.客房色彩和照明

客房的色彩搭配应考虑酒店朝向的问题。阳面的房间可以根据用途采用暖色调和冷色调，阴面的房间则应以暖色调为主，增大采光系数，如米黄色。客房的照明以灯光柔和、舒适为主，天花上的灯最好选带磨砂玻璃的节能灯，这样就不会产生眩光。

4.卫生间

酒店客房卫生间是必不可少的功能区域，它一般设置在客房进门处。卫生间的设计基本上以方便、安全、易清洁为主。卫生间里面设备多，面积小，设计处处应遵循人体工程学原理，作人性化的设计。满足客人盥洗、如厕、梳洗、沐浴等个人卫生需求。干湿分区、座厕区分离是国际趋势。设计时应注意：（图4-20，图4-21）

（1）台面和妆镜是卫生间设计的要点，注意面盆上方配的石英灯照明和镜面两侧或单侧壁灯照明，二者缺一不可。镜前灯要有防眩光的装置，天花中间的筒灯最好选用有磨砂玻璃罩的，镜子要防雾，并且镜面要大。因为卫生间一般较小，由于镜面反射的缘故可使空间在视觉上和心理上显得宽敞。

（2）进入卫生间的门下地面设一防水石材，以免卫生间的水流入房间通道。

（3）座便区要求通风、照明良好。

（4）除非是酒店的级别与客房的档次要求配备浴缸，一般用精致的沐浴间。设淋浴玻璃房的卫生间，一定要选用安全玻璃。淋浴房的地面要做防滑设计，玻璃门边最好设有胶条，既防水渗出，也能使玻璃门开启时更轻柔舒适。

（5）卫生间的地砖要防滑耐污。地砖与墙砖的收边外最后打上白色或别的颜色的防水胶。（图4-22，图4-23）

▲ 图4-22 白色的浴缸配上大面积的镜子，视觉上更加明亮通透，空间变得宽敞舒适。

▲ 图4-23 完美的对称式布局，黑白搭配给人轻快的感觉，加以金色装饰使空间显得更为高贵。

（五）客房服务、布草房、服务区和服务电梯

（1）每层客房楼面要设置一间客房服务/布草间，每12间客房设置一部客房服务推车。

（2）服务间面积在30m²左右，放置所有必要的设备。安装两扇900mm的单门，保证800mm宽的推车进入。

国际常用卫生间标准

卫生间设备	最小面积/m²	舒适面积/m²
3件（面盆、浴盆、坐便器）	3.7	5.6
4件（面盆、浴盆、坐便器、妇洗器）	5.6	7.8
5件（面盆、浴盆、坐便器、妇洗器、淋浴）	7.8	9.3

4 四、酒店餐饮空间设计

（一）酒店餐饮空间概述

酒店餐饮空间是酒店不可缺少的服务设施。酒店一般都经营餐饮，通常向住宿的客人开放，同时也面向公众，是人们商务洽谈、进餐、聚会等活动的场所。餐饮经营收入弹性大，在酒店整体收入中占有很大比重，酒店中的餐饮空间一般包括中西餐厅、宴会厅、自助餐厅、酒廊、咖啡厅等。按照《旅游饭店星级的划分及评定》的规定，四星级酒店和五星级酒店要有中餐厅、宴会厅、咖啡厅等。规模较大的酒店还应设有1~2个风味厅，还有规模适当的西餐厅、酒吧。酒店的餐饮区一般设在酒店的一层或二层，也有酒店把餐厅设在楼顶，如重庆的渝都大酒店的"九重阁"旋转餐厅，360度旋转观景，俯瞰整个渝中半岛。

（二）餐厅的分类和规模（图4-24，图4-25）

1.餐厅的分类方式

按供应菜肴的特色分类，可分为中餐厅、西餐厅、特色烹调餐厅。

按服务方式和餐厅环境特色分类，可分为普通餐厅、自助餐厅、娱乐餐厅、风味餐厅、露天餐厅和中庭餐厅。普通餐厅是酒店最主要的餐厅形式，客人就座后，有

▲ 图4-24 中式风格的餐厅，颜色以红色为主，配以金色，使餐厅氛围显得中式味十足，隔断运用屏风加以装饰，形成了隔而不断的意境。

▲ 图4-25 整体以淡雅的灰色布局为主，突出的橘色窗帘给人温馨感。

服务员提供服务。如倒茶、送菜、斟酒、替换碗碟等。自助餐厅是由服务员将各种菜肴、水果、点心、饮料等放在餐桌上，客人根据自己的喜好，自由地选择菜肴用餐。娱乐餐厅是向人们提供各种娱乐设施的就餐环境。如歌舞餐厅、剧场餐厅等。客人在就餐时可以边就餐边欣赏歌舞表演等。室内装饰效果热

烈，灯光多变，对客人存在一定的吸引力。露天餐厅和中庭餐厅这种形式改变了传统就餐环境的封闭性，把室外的环境因素引到室内。

2.餐厅的规模

餐厅的规模反映了酒店的规模、档次、使用功能。酒店餐厅面积与酒店客房数量成正比，一般以酒店的床位数作为计算依据，每个

床位设置一个餐位，每一个餐位平均为2m^2（不包括宴会厅和多功能厅），以此来推算出餐厅所需的面积。客房越多，餐厅面积就越大。随着酒店等级的提高，对餐位的要求就越高，要求其更宽敞，餐桌间通道和服务通道相应增宽。

（三）酒店餐厅功能空间设计

1.中餐厅

中餐厅在我国酒店餐饮空间中占有很重要的位置。餐厅以品尝中国菜肴，领略中国传统文化为目的。所以在设计中常运用中国传统的建筑元素符号进行装饰。在现代酒店设计中合理地运用中式元素，要讲求简约、素雅，不要过于复杂、繁琐、奢华，追求素雅含蓄和不露声色。在中式餐厅的设计中，常见的分隔形式如罩、碧纱橱（纱隔）、屏风等，多为通透或半通透的形式，很少采用完全隔断构件，借以留出供给人们相互观望的空间，进而达到一种心理上的共享共容。设计时应在空间中创造出虚实围合、彼此交错、穿插、共享、借景等效果，运用过渡、指示、回应等手法，做到隔而不断，既可丰富空间的文化内涵，又可增强空间的装饰效果。根据客源情况，中餐厅要设置一定数量的雅间或包房。中餐厅是众多国内酒店餐饮项目中的主角，其经营水平决定着酒店的经营走势，其空间设计对经营效果有很大的影响。

中餐厅的餐桌一般以圆形桌和方形桌为主。圆形桌是中餐厅常用的基本桌形。圆桌用餐是中国传统的用餐方式，方形桌一般也用于中餐厅，等级越高的酒店可选较大的尺寸，经济型等较小的酒店可选用较小的尺寸。（图4-26，图4-27）

中餐厅设计时应注意：

（1）餐厅主题的设定要明确。

（2）餐厅入口处的设计应一目了然。

（3）餐厅各区域划分合理，餐厅一般由入口处、吧台、就餐区域、包间、通道、厨房等组成。如何合理地划分这些区域，要充分考虑酒店客人的需要和酒店服务的方便。（图4-28，图4-29）

▲ 图4-26　大圆形餐桌和天花的圆形吊顶使空间变得整洁有序。

▲ 图4-27　灰色的圆形餐桌和餐椅给空间增添了一份朴实典雅，桌面的百合花给了空间淡淡的芳香，使空间变得温馨舒适。

▲ 图4-28 喜庆的红色桌椅给空间增添了一丝喜庆，高贵华丽的大吊灯和环形暖光灯给空间带来了一份温馨。

▲ 图4-29 华丽的地毯加上白色的落地窗，形成一个不错的用餐环境。

（4）通道的设计在满足安全、顺畅的同时，可运用中式的元素加以点缀。

（5）餐厅包房尽量不要门对门，设计时考虑包房的多功能性。通过使用活动隔断，形成弹性空间，使包房可分可合，增加包房使用的灵活性，提高包房的使用效率。

2.西餐厅

西餐厅源于国外，有品尝国外美食、社会交往、娱乐休闲等功能。西餐在饮食上注重营养搭配均衡、色泽鲜艳、调料考究、用具精美。根据市场需求，许多星级酒店都设置了各类不同的西餐厅，如法式餐厅、意大利餐厅、日本料理等。不同的餐厅有不同的烹饪方法及饮食习惯，而基于它们不同的文化背景，对西餐厅的设计提出了特别的要求，一是餐厅的布局要符合各种饮食习惯，二是装饰设计要充分考虑餐厅鲜明的文化特色。西餐厅的装饰特点是富有异国情调，具有浓厚的人文气息，装饰理念灵活丰富，在装饰设计上各具风情。西餐厅的装饰风格大概有欧美的古典风格、自然清新的乡村田园风格、现代主义风格、高技派风格等。（图4-30~图4-33）

▲ 图4-30 悬挂有序的吊灯，排列整齐的桌椅，有规律的方形地砖，营造了整洁明亮的用餐环境。

▲ 图4-31 休闲空间与自然环境交相辉映，充足的阳光穿过木质天花，洒在地面和桌椅上。

▲ 图4-32 空间上方的繁复拼格与下方的简洁餐桌营造出一种和谐感。

▲ 图4-33 白色的落地窗帘与深色的地毯，洁白的桌布与暖色的椅子，这些色调的巧妙搭配，给人营造了明亮而温馨的就餐环境。

3.宴会厅

宴会厅是对外开放的酒店的主要场所。为了提高宴会厅的使用效率，除了承办大型宴会外，还兼做多功能厅，提供国际会议、展览等用途。宴会厅、多功能厅宜单独集中布置，设置单独的出入口、休息厅、衣帽间和卫生间。设计时应注意以下的内容：（图4-34~图4-41）

▲ 图4-34 清新自然的餐桌，装修华丽的餐饮空间。

▲ 图4-35 紫色与橘色的对比色的搭配，使人眼前一亮，华丽的装饰 线条使空间更具装饰感。

▲ 图4-36 浅色调的装修，使选餐空间变得更加轻松舒适。

▲ 图4-37 银色制品的椅子与白色灯光的巧妙搭配，使就餐环境变 得轻快明亮。

▲ 图4-38 浅蓝色调的使用使自助餐厅显得安静，造型特异的灯饰与富 有动感的天花造型使空间多了一份活力。

▲ 图4-40 整个空间对称布局，以金色布置为主显得富丽堂皇。

▲ 图4-39 金属制品的桌椅与华丽的吊灯的和谐搭配，使空间变得更加的宽敞明亮。

▲ 图4-41 宴会厅的装饰以金色为主，紫色半圆窗为空间增添了一丝温馨。

（1）宴会厅的前庭区域是供宴会客人休息的，在设计时应考虑前庭中所进行的活动不会影响酒店的正常运营。如有可能，宴会厅、会议室可设有外部进入的专用入口。

（2）前厅的走道宽度至少为4.5m。在此处可设衣帽间、休闲椅、电话、卫生间等。

（3）宴会厅内的隔断必须具有良好的隔声性能，分隔成的小空间也必须有单独的出入口和独立的音响、照明系统等。为了适应可变空间的需要，宴会厅在照明器具的选择上应采用二方连续或四方连续的装饰性照明。由主体吊灯、吸顶灯、筒灯、壁灯、射灯组成，照度应达到750lx。

（4）宴会厅在色彩设计上应稳重、大气，不宜使用过多的颜色。多用深红色、金黄色等暖色调渲染其强烈的气氛，给人开敞、明亮的感觉。

（5）宴会厅必须靠近厨房，并设有足够的备餐空间。

4

五、酒店健身娱乐空间设计

（一）娱乐健身空间概述

现代酒店除了客房、餐饮、宴会、会议等功能以外，健身娱乐是配套设施最重要的组成部分。酒店健身娱乐空间的设施要根据酒店的等级规模、所处的地理环境来配置。一家设备完善的酒店一般有游泳池、桑拿房、网球场、台球室、壁球馆、保龄球馆、KTV、酒吧等设施。不同类型的酒店对健身娱乐设施的要求也有所不同。例如，商务观光型的酒店以健身为主，多设有游泳池、健身房、桑拿浴、台球室等。设计时，应把握健身娱乐空间的精神需求，通过各种装饰语言和材料的运用来表达设计意图。（图4-42）

▲ 图4-42 酒店的瑜伽练习室，其镜面使空间得以延伸。

（二）酒店健身娱乐功能空间设计

1.游泳池

游泳池是酒店的常用健身项目。酒店游泳池一般分为室内游泳池和室外游泳池两种。游泳池整体设计应美观大方、视野开阔、采光效果好。游泳池四周应设有溢水槽，池底应配有低压防爆照明灯并铺满瓷砖。（图4-43，图4-44）

▲ 图4-43 淡蓝色的池水、岸上休闲舒适的沙发以及艳丽的色彩使空间的色彩关系变得更加丰富。

游泳池应设有男女更衣室、沐浴间和卫生间。其路线设计应遵循客人更衣、沐浴、游泳、沐浴、更衣的使用顺序。

室内游泳池：温度可以调节，不受季节、气候的影响，泳池造型一般较规整，泳池周围设有供休息的座椅或躺椅。室外游泳池：室外游泳池的使用受气候的影响，更适宜地处热带、亚热带的酒店使用。泳池边应设有太阳伞、供休息的座椅或躺椅、各种大型的盆栽。室内外两用游泳池：这种游泳池的形式一般分为两种，一种是天棚自

▲ 图4-44 金黄色的天棚吊顶、设计新颖的池水出水口以及艳丽的色彩使空间的色彩关系变得丰富。

▲ 图4-45 排列整齐的健身器具、四周和谐统一的色调以及暖色的灯光，使空间变得更加有动感。

▲ 图4-46 落地窗的使用缩短内外部空间的距离。

▲ 图4-47 SPA空间在中性色彩的装饰下显得安静。

动开启、关闭，根据季节的变化而变换，另一种是以玻璃幕墙进行分隔，幕墙的一边是室内游泳池，一边是室外游泳池，客人根据需要可以自动跨越。

2.健身房

健身房的设计与布局应根据酒店的规模而定，健身房一般位于楼梯和客房电梯可以直达的区域。健身房既是运动的场所，也是社交的场所，健身房的设计可以刚柔并济，健身运动体现力的刚健之美，而适当的柔美设计则使人感到温暖。一般情况下，有氧和力量的健身设备均需配备，应在有限的健身空间里为客人提供较多的器械。设计时应注意：（图4-45，图4-46）

（1）健身房的设计应当适当保留空间的开敞性，有完善的通风设计，以保证客人的健康。

（2）健身房室内环境设计。健身房室内环境设计方面，灯光应简洁明亮，不宜太过昏暗。吊顶不应过低，以免使人感觉压抑。

（3）有氧机械尽可能地靠窗摆放，并设置电视。

（4）跑步机后面应留出不小于120cm的安全距离。

（5）有氧设备的左右应留出不小于40cm的距离，便于教练站在机械旁指导客人科学、安全地使用器械。

3.桑拿洗浴

酒店的桑拿洗浴中心是酒店必备的服务之一，洗浴设施一般具有洗浴、按摩、休息等功能。一般设有冲浪浴、坐浴、淋浴、桑拿浴、芬兰浴等。同时还设有中式按摩、日式按摩、泰式按摩等多种按摩房。酒店的洗浴中心一般分为男宾区和女宾区。要在视觉和空间的划分上给男女宾客以明确的分流导向。（图4-47，图4-48）

洗浴空间的组成

（1）更衣区：主要给客人提供换鞋和更衣的服务。更衣室里主要有更衣柜、毛巾架、化妆台和化妆镜等设施。

（2）洗浴空间：因为水力按摩浴池的荷载较大，一般设于酒店的地下层，设有水力按摩浴池、桑拿浴、蒸气浴、药浴、普通淋浴等。

（3）二次更衣区：客人洗浴后在此区域更换浴衣，在这里应设有一个小的休息区、化妆台等。

（4）休息区域：洗浴后的客人休息、娱乐，或是等待按摩的地方。此处应设有休息沙发、小酒吧等设施。

（5）按摩空间：此空间光线不宜太强，可不设窗户，干扰要小，避免其他客人通过。

（6）桑拿室：一般分为干蒸和湿蒸。

（7）贵宾房：此空间私密性较强，设有独立的洗浴设施、休息处及按摩房。

4.酒吧

酒店内的酒吧是客人交流和娱乐的一个重要的空间，空间的装饰应竭力创造轻松的氛围，让客人在此找到无穷的乐趣，得到精神上的满足。根据酒吧在酒店中的位置可分为空中酒吧、窖式酒吧、泳池酒吧。酒吧设计的功能区一般包括：入口、门厅、接待处、衣帽储存处、小型舞池、吧台、卫生间等。在设计时应注意：（图4-49，图4-50）

（1）入口设计独到、装饰性强。酒吧入口具有引导性，能吸引过往的客人，使客人进入后能合理并自由地活动，起到很好的指引导向的作用。

（2）酒吧的空间布局比较紧凑，体现一种热闹的气氛。

（3）吧台的照明设计层次要清楚。

（4）较大的酒吧空间可以利

▲ 图4-48 洁白的浴缸内撒上的鲜红花瓣，摆放整洁的精美器具，窗外宜人的景色，这些巧妙的设计使空间显得高雅。

▲ 图4-49 暗红色的木装修与咖啡色的沙发相配，对比而和谐。再加以醒目的绿色灯光，使之更为醒目。

▲ 图4-50 半圆形窗户增加了布局的趣味，空间简洁却不失高贵华丽。

用天花的升降、地坪的高差、隔断、柱等进行多次元的空间分隔，也可以与低矮隔断、绿色植物相结合，起到丰富空间，连续空间的作用。

（5）实体隔断如墙体、玻璃墙等可分隔出私密性较强的空间；落地罩、花窗隔断这些半通透性隔断，使客人既享受了大空间的共容性，又有自己的小空间；列柱隔断，可构成特殊的环境空间，似隔非隔，隔而不断。

（6）在天花的处理上，利用天棚的落差，结合灯饰来划分空间，使整体空间具有开放性，显得视野开阔，在客人的心理上形成区域性的环境氛围。

（7）宜采用低照度照明，可用台灯、烛台等照明方式，采用有色光，灯光幽暗而富有情趣。

（8）在材料的选用上，多用耐脏、易清洁的饰面材料。

5.KTV空间设计

酒店KTV功能区一般包括：接待处、大厅、公共休息区、过道、包房等。其中，KTV包房是一个设计重点。按照房间的大小一般分为总统套房、豪华套房、大包房、中包房、小包房。KTV包房为客人提供了一个相对私密的空间，使娱乐空间的风格得到多元体现，更好地展示服务的文化性。设计时应注意：（图4-51，图4-52）

（1）KTV的空间环境比较活泼、刺激，在材料的选择上、色彩的运用上、造型的塑造上都要具有一种动感，以烘托KTV独特的环境气氛。

（2）KTV包房内地面的材质颜色以深褐色为宜。

（3）包房内的选材，既要协调好各种材料质感的对比关系，又要组合好各种材质的肌理关系。

（4）包房内的舞池一般设在包房中间。包房舞池的大小与包房接待人数成正比，如容纳2~4人的包房，舞池一般为$1m^2$~$1.5m^2$。

（5）KTV利用灯光进行气氛设置时，可以用直接光和间接光来营造不同的气氛，适应不同的要求。一般常用的有单飞碟转灯、光速灯、扫描灯、宇宙旋转灯等。

▲ 图4-51 靡丽的水晶灯剔透晶莹，昏黄的灯光，紫色的沙发更显高贵。

▲ 图4-52 菱形的装饰墙，灿烂的内部装饰别致而靓丽。

4 六、酒店案例分析

（一）重庆江北威仕莱喜百年酒店（4-53-1～4-53-10）

重庆威仕莱喜百年酒店位于重庆江北松石大道，是重庆喜悦酒店管理有限公司旗下备受推崇的一家时尚商务酒店。酒店于2012年5月开业，面积共7800m²。本案中设计师运用现代主义手法，并萃取欧洲古典建筑元素以及摄影、绘画、家具作为重要造型和陈设艺术来呼应本案原有的欧式建筑外观，做到内外合一。整体以黑白灰色系为基调来烘托出独特的艺术品及陈设品，强调现代与古典，时尚与艺术的完美结合，最终营造出一个时尚优雅的艺术酒店空间。酒店优秀的设计，应是业主、设计师与顾客的共赢。酒店以极低的投资为业主赢得丰富的资金回报的同时也获得了顾客的热烈赞同。

酒店主要材料：爵士白石材、黑金砂石材、黑白根石材、中国黑毛面石材、古堡灰石材、仿皮硬包、灰色布艺硬包、钨钢、拉丝乌钢、胡桃木、红橡清水、水曲柳面板、白镜、灰镜、夹胶玻璃、黑色背漆玻璃、印刷玻璃、玻璃钢、墙纸、镜面马赛克等。

▲ 图4-53-1 外立面

▲ 图4-53-2 大堂

▲ 图4-53-3 多功能厅

▲ 图4-53-4 橙色客房前厅

▲ 图4-53-5 橙色标准客房

▲ 图4-53-6 紫色标准客房

▲ 图4-53-7 紫色标准客房前厅

▲ 图4-53-8 紫色标准客房洗手间

▲图4-53-9 电梯等候区　　　　　　　　　　　　　　　　　　▲图4-53-10 电梯轿厢

（二）北京鸿禧高尔夫酒店
（4-54-1～4-54-10）

北京鸿禧高尔夫酒店位于北京四环义庄，酒店于2012年1月开业，面积16000m²。设计师通过与业主方反复沟通后将整个酒店风格定为Art Deco奢华风格以配合该球会的高端定位。设计中总结提炼了该风格的经典元素，如放射状、阶梯状、竖向排列等造型语言，使用了亲和度、包容度强的米黄色调来突出该酒店的独特气质。在空间功能划分中结合酒店是个会所性质的酒店，在用餐、婚宴、娱乐、健身、洗浴这几部分做了更多的投入而相对弱化了住宿空间。用材上局部采用了半哑光的白砂米黄石材，在配合大量造型上使用同色的亚光米黄漆，同样黑色石材和黑色高光漆的运用，提升了档次的同时又降低了工程造价，使整个酒店性价比大大提高。该酒店投入运行后，迅速被评为中国十大高尔夫会所之一，酒店的优雅奢华度受到到访的客人纷纷称赞。

酒店主要材料：西米石材、西班牙米黄石材、荔枝面西米石材、黑金龙石材、仿皮硬包、艺术玻璃、玻璃砖、清波、12mm钢化玻璃、白镜、茶镜、墙纸、手绘墙纸、木作白油、黑檀、芬兰木桑拿板、软包、地毯等。

▲ 图4-54-1 大堂

▲ 图4-54-2 宴会前厅

▲ 图4-54-3 宴会厅

▲ 图4-54-4 餐饮候客区

▲ 图4-54-5 自助餐厅

▲ 图44-54-6 三层红酒吧

▲ 图4-54-7 洗浴中心区

▲ 图4-54-8 客房

▲ 图4-54-9 女洗手间

▲ 图4-54-10 客房走道

七、单元教学导引

目标

通过对酒店功能空间的设计方法和原则的学习，让学生对酒店设计有了整体的认识。了解不同功能空间的设计要求、设计方法及客人的心理需求。使学生能够熟练地把握酒店空间的设计方法和原则，完成酒店设计。

要求

本单元通过多媒体教学，图文并茂。通过案例的介绍增加学生对酒店不同功能空间设计的了解。在教学中，可以引导学生对客人在不同空间的心理需求展开讨论，增强学生对这些功能空间的理解和认识。

重点

不同的功能空间的设计原则和设计要求。酒店设计功能空间较多，客人对每个空间的心理需求有所不同，在设计中应遵循"以人为本"的原则。

注意事项提示

在本单元的教学中应强调酒店各功能空间不同的设计方法和心理需求。

小结要点

本单元分为五个部分。分别对酒店大堂设计、酒店过渡空间设计、酒店客房设计、酒店餐饮空间设计、酒店健身娱乐空间设计做了介绍。每一部分都详细地介绍了空间的功能、设计方法、设计中的注意事项。在教学中，要强化学生的实际设计能力，培养学生对设计的整体把握和对细节的推敲能力。

为学生提供的思考题：

1.酒店客房的主要类型有哪些？设计时应注意哪些问题？
2.简述客房卫生间设计的原则和注意事项。
3.酒店大堂设计时应注意哪些问题？
4.酒店中餐厅的设计风格如何体现？
5.酒店宴会厅的设计风格如何体现？

为学生课余时间准备的练习题：

1.无障碍客房的设施和设计要求有哪些？
2.简述对酒店娱乐设施的理解。

为学生提供的本单元的参考书目及网站：

师高民编著. 酒店空间设计[M].合肥：合肥工业大学出版社
林振，曾杰编著.建筑装修装饰工程材料[M]. 北京：中国劳动社会保障出版社
刑瑜，王玉红编著. 宾馆环境设计[M]. 合肥：安徽美术出版社
国际品牌酒店设计标准手册[M]. 北京：中国计划出版社
中国酒店设计网，http://caaad.blog.china.com/
中国酒店中华室内设计网，http://www. a963.com/

本单元作业命题：
某酒店空间设计。

作业命题原因：
这一单元的教学方式主要采用教师课堂讲授，结合市场调研、学生分组讨论、完成作业的形式。

命题作业的具体要求：
1.功能设置：按五星级酒店空间设计标准，风格无限制。
2.教师组织学生讨论方案，要求学生独立完成整套方案，不能抄袭。
3.电脑录入设计说明1000字，A4纸打印方案图（大堂、客房、宴会厅、中餐厅）。平面图、天棚图各一张，立面图各3张，效果图4张。

后 记

　　《酒店设计教程》的编写是为了配合学科发展，造就一批有创新精神、有现代设计理念的高素质酒店设计人才，以适应时代的需求。本教程知识点清晰，在内容的选取与组织上，本教程以规范性、知识性、专业性、创新性为目标，以课题设计、实例分析、课后思考与练习等多种形式，深入浅出，力求教程内容结构合理、知识丰富、特色鲜明。

　　在本书的编写过程中，作者通过多年从事酒店设计和设计教学的心得及经验，对大量成功的酒店设计作品范例进行分析、论述，着力使学生夯实基础，强化训练，融会贯通，以期让学生对酒店设计有一个较全面的理解与把握，为培养高素质的酒店设计人才尽一份微薄之力。

　　本教程在编写过程中得到四川美术学院沈渝德教授的真诚鼓励和热情指导，得到年代营创公司的大力支持，得到西南师范大学出版社的领导和编辑的鼎力相助，在此，谨表示深深的谢意。

　　本教程在编写过程中参考了一些文献资料，也采用了一些成功的酒店设计案例和优秀的作品，由于无法与作者取得联系，深表歉意，借此一并感谢。

主要参考文献
[1]鲁道夫·阿恩海姆著. 孟沛欣译. 艺术与视知觉[M]. 长沙：湖南美术出版社
[2]爱娃·海勒著. 吴彤译. 色彩的文化[M]. 北京：中央编译出版社
[3]孙峰，方新主编. 室内陈设艺术[M]. 北京：北京理工大学出版社
[4]张能，崔香莲，周鹏主编. 室内设计基础[M]. 北京：北京理工大学出版社
[5]张绮曼，郑曙旸主编. 室内设计资料集[M]. 北京：中国建筑工业出版社
[6]杨豪中，王葆华主编. 室内空间设计——居室、宾馆[M]. 武汉：华中科技大学出版社
[7]郝大鹏编著. 室内设计方法[M]. 重庆：西南师范大学出版社
[8]师高民编著. 酒店空间设计[M]. 合肥：合肥工业大学出版社
[9]林振，曾杰编著. 建筑装修装饰工程材料[M]. 北京：中国劳动社会保障出版社
[10]刑瑜，王玉红编著. 宾馆环境设计[M]. 合肥：安徽美术出版社
[11]国际品牌酒店设计标准手册[M]. 北京：中国计划出版社
[12]沈渝德编著. 室内环境与装饰[M]. 重庆：西南师范大学出版社
[13]许亮，董万里编著. 室内环境设计[M]. 重庆：重庆大学出版社
[14]陈一才编著. 装饰与艺术照明[M]. 北京：中国建筑工业出版社
[15]来增祥，陆震纬编著. 室内设计原理[M]. 北京：中国建筑工业出版社

图书在版编目（CIP）数据

酒店设计教程 / 粟亚莉，赖旭东编著．　—— 重庆：
西南师范大学出版社，2013.6（2017.7重印）
高等职业教育艺术设计"十二五"规划教材
ISBN 978-7-5621-6196-7

Ⅰ.①酒…　Ⅱ.①粟…　②赖…　Ⅲ.①饭店－建筑设
计－高等职业教育－教材　Ⅳ.①TU247.4

中国版本图书馆CIP数据核字(2013)第142403号

丛书策划：李远毅　　王正端

高等职业教育艺术设计"十二五"规划教材
主　　编：沈渝德

酒店设计教程　粟亚莉　赖旭东 编著
JIUDIAN SHEJI JIAOCHENG

责任编辑：王玉菊
整体设计：沈　悦

西南师范大学 出版社(出版发行)

地　　址：重庆市北碚区天生路2号	邮政编码：400715
本社网址：http∶//www.xscbs.com	电　话：（023）68860895
网上书店：http∶//xnsfdxcbs.tmall.com	传　真：（023）68208984

经　　销：新华书店
排　　版：重庆新生代彩印技术有限公司
印　　刷：重庆长虹印务有限公司
开　　本：889mm×1194mm　1/16
印　　张：6
字　　数：184千字
版　　次：2013年8月 第1版
印　　次：2017年7月 第3次印刷
ISBN 978-7-5621-6196-7
定　　价：36.00元

本书如有印装质量问题，请与我社读者服务部联系更换。读者服务部电话：(023)68252507
市场营销部电话：(023)68868624　68253705

西南师范大学出版社美术分社欢迎赐稿，出版教材及学术著作等。
美术分社电话：(023)68254657　68254107